灾难
生存手册

[英] **亚历山大·史迪威** 著 **徐庆** 译

全球最新修订版

U0241852

北京·旅游教育出版社

策　　划：丁海秀　蒯　鑫
责任编辑：蒯　鑫

图书在版编目（ＣＩＰ）数据

灾难生存手册 ／（英）亚历山大·史迪威著；徐庆
译. -- 北京 ： 旅游教育出版社，2021.4
书名原文：DISASTER SURVIVAL HANDBOOK
ISBN 978-7-5637-4210-3

Ⅰ．①灾… Ⅱ．①亚… ②徐… Ⅲ．①灾害防治—手
册②生存能力—能力培养—手册 Ⅳ．①X4-62
②B848.2-62

中国版本图书馆CIP数据核字(2021)第000916号
北京市版权局著作权合同登记图字：01-2020-4311号

灾难生存手册

［英］亚历山大·史迪威　著

徐庆　译

出版单位	旅游教育出版社
地　　址	北京市朝阳区定福庄南里 1 号
邮　　编	100024
发行电话	（010）65778403　65728372　65767462（传真）
本社网址	www.tepcb.com
E - mail	tepfx@163.com
排版单位	北京旅教文化传播有限公司
印刷单位	北京柏力行彩印有限公司
经销单位	新华书店
开　　本	787毫米×1092毫米　1/16
印　　张	15.5
字　　数	227 千字
版　　次	2021 年 4 月第 1 版
印　　次	2021 年 4 月第 1 次印刷
定　　价	68.00 元

（图书如有装订差错请与发行部联系）

目录

准备阶段

如果你想在任何一场灾难中幸存下来，你必须要拥有良好的体能和健康的身体。本章介绍了身体的准备，包括体能测试、体能锻炼，以及遵循健康饮食。本章还介绍了如何进行有效的心理准备，包括提升专注力、在危机时保持头脑清醒、积极应对压力、做减压冥想技巧以提升当机立断的能力。身心健康了，才能为应对灾难做更好的准备。

跑步可以增强你的核心体能，它将使你在灾难生存中具备极大的优势。

身体的准备

要想测试你的体能，请测一下安静时的心率（静息心率）（RHR），它很好地反映了你的心血管状态。测量静息心率的最佳时间是在清晨，此时你的身体还没有被其他变量所影响，测得的结果相对准确。

通过对脉搏计时来测量你的心跳，显示的是每分钟的心跳次数。这也反映了你的心脏为了把血液循环到全身所工作的强度。一个脆弱的心脏不得不更加卖力才能把血液挤压进动脉，流向全身，所以脉搏跳得更快。而一个强壮的心脏为你做的是高效率的工作——它跳得更慢，但每一次跳动却更有力。

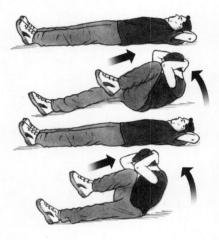

作为评估健康的标尺，成人的静息心率平均值（bpm）是每分钟 60—100 次。运动员的静息心率可能会达到每分钟 40—60 次。

建立一个健康日志来记录几周以来你的静息心率，尤其是你开始正式的健身锻炼之后。随着你变得越来越健康，你会发现你的静息心率平均值呈现下降曲线。

心率监测仪

佩戴在手腕或胸部的心率监测仪可以显示你的静息心率，并能在运动中记录你的心率。通过佩戴心率监测仪，你可以得知是否已经达到你的目标强度。

测量静息心率

通过在手腕或颈部找到脉搏来测量静息心率。

手腕：

伸出手，手掌向上。

用食指和中指同时轻压手腕内侧直到能感觉到脉搏。

颈部：

用食指和中指同时轻压位于下颌下方、气管旁边的颈部。移动手指直到能感觉到脉搏。

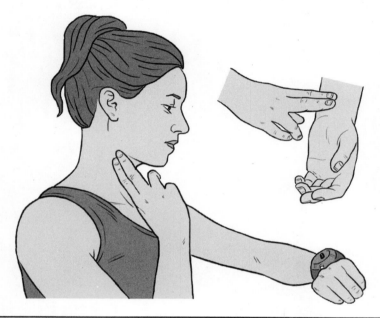

计算每分钟平均心率的方法：以1分钟为单位数心跳次数，或以30秒为单位数心跳次数，然后乘以2。

最大心率（MHR）

要测量最大心率（MHR），可用 220 减去你的年龄，所得到的即是你的心脏在最大负荷强度时心率所能达到的最高水平。但是，你还应该考虑到你的总体体能、健康状况、压力水平以及其他因素，例如天气等。例如，天气炎热时你的心脏可能要更卖力地工作来散发热量。通常来说，有氧运动时，例如跑步时的心率，应在最大心率的 60% 到 90% 之间，超过最大心率是比较危险的。

如果你是女性，你的心率很可能会比男性快 5 次 / 分钟。

运动心率（HR）

运动心率（HR）表示的是运动时你的心率状态。运动心率处于最大心率的 70% 到 80% 之间。

拉伸

对于锻炼之前是否要做拉伸一直存有争议。这是因为在静态拉伸时肌肉可能会失去一些活力。

然而，僵硬的肌肉比温暖和舒展的肌肉更容易拉伤，所以好的解决办法是做动态拉伸。

动态拉伸

缓慢地拉伸，随着肌肉开始变暖和放松，逐渐加大幅度和速度。

- 耸肩：先向前，再向后。

- 用手臂画圈。先大幅度，再减小幅度，逐渐再加大幅度。

- 向前弓步以拉伸髋屈肌。

- 抬高膝盖走路或慢跑。

你还可以着重拉伸特定的肌肉。这里的一系列拉伸动作均有助于温暖腿部肌肉。

腿筋伸展

臀肌拉伸

小腿拉伸

肩部拉伸

胫骨拉伸

大腿内侧拉伸

测试你的体能

在开始训练之前，可以做这些力量练习以测试你的体能。如果你的得分很低，请不要泄气。有了开始，就会有进步。

俯卧撑

俯卧撑测试上身力量，特别是胸部、肩部和肱三头肌的力量。它还可以改善人体协调肌肉的能力。

将双手放在地面上，与肩同宽。伸展双腿，与腰同宽，用前脚掌平衡。手臂弯曲，放低身体直到你的胸部接触地面为止。然后将自己推回到上一个位置。尽可能多地进行俯卧撑，然后第二天尝试多做一两个，依此类推。

新手：15—20 个或更少   平均：20—30 个
良好：30—40 个   优秀：40 个以上

腹部平板支撑

腹部平板支撑能测试和改善你的核心力量。核心力量至关重要，因为它为各种运动形式保持基本的平衡，包括跑步和游泳。平板支撑有助于加强下背部和臀部的力量。

采取俯卧撑的姿势，双脚与腰同宽。力量集中于肘部和前臂，双手手指交叉。尽可能长时间地保持收紧状态，臀部保持不动。

新手：1 分钟或更少
平均：1 分钟或更多
良好：2 分钟或更多
优秀：3 分钟或更多

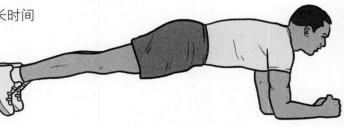

反握引体向上

引体向上

引体向上测试身体的力量，包括位于身体两侧的背阔肌和位于双臂的二头肌的力量。站在一个安全的横杠下方，向上抓紧，平稳地把身体拉起，直到下巴超过横杠。再缓缓落下，直到双臂伸直，然后重复以上动作。

开始你可能只能做一到两个，但是试着增加到 10 个左右作为基准。如果能做到 20 个及以上，说明你做得好极了。

新手：10 个或更少
平均：10—15 个
良好：15—20 个
优秀：20 个及以上

仰卧起坐

平躺在地板上。双手放在耳朵附近。弯曲膝盖使脚平放在地面,抬起身体,与地面呈30°角。然后躺下,重复以上动作。

划船动作

使用划船机可以很好地锻炼全身,也有助于减轻体重。

正确的姿势如下:伸展双腿,把手柄拉向你的腹部,然后双臂向前滑动,弯曲膝盖。保持双臂伸直,腿部发力,身体返回,再次把手柄拉向腹部。尽可能流畅地完成动作。

划460米(500码),对照一下你所用的时间:

新手:超过4分钟

平均:3—4分钟

良好:2—3分钟

优秀:少于2分钟

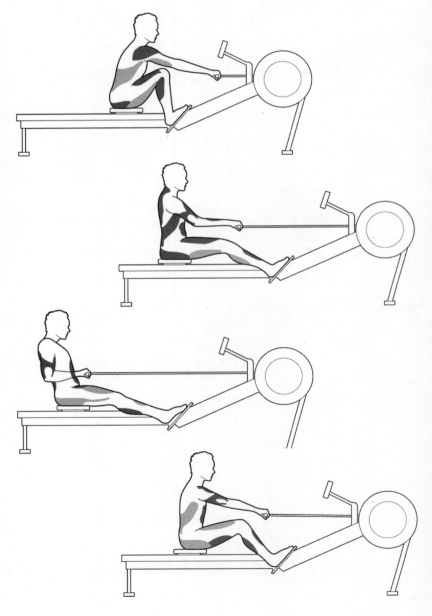

跑步

跑步有助于健康，让人感觉良好。跑步是一项全身的锻炼，它能为其他各种形式的锻炼打下良好的基础。

不同类型的跑步

一英里跑

4 分钟一英里跑始于 1954 年。一个身体健康的人跑一英里（约 1.6 千米）大约需要 7 到 10 分钟。你跑一英里的速度以及恢复的时间可以作为你全身健康状况的指标。

长时间慢跑（LSD）

长时间慢跑（LSD）可以为其他运动培养耐力。长时间慢跑速度较慢，视跑步者的经验和健康状况不同，跑步时长通常为 30 分钟到 2 个小时。

长时间慢跑的好处之一是它有助于身体燃烧脂肪而不是碳水化合物，这就解释了为什么马拉松选手的体重通常都非常轻。

快速连续跑（FCR）或节奏跑

这是一种在相对有限的时间或距离内的高强度跑步。节奏跑，或被称为快速连续跑，它的速度具有挑战性，但对于整体距离来说是可以达到的。在跑的过程中你不需要减速。快速连续跑时你的心率接近你的最大心率，而身体产生的乳酸量又刚好低于你的乳酸阈值（即乳酸在肌肉中急剧上升的起始值）。快速连续跑通常为 15 到 30 分钟。

节奏跑不仅有助于强壮心脏、肺部和全身，而且可以提高心理耐受度和专注力。

跑步提示

跑步姿势

站直，双手手指交叉抬起举过头顶向上推。这个动作有助你采取正确的跑步姿势：直立，又稍稍前倾。加强核心力量的练习，例如平板支撑也能改善你的跑步姿势。

节奏

这是单位时间内你的双脚踩地的次数。快速连续跑的跑步者平均节奏是每分钟 160 到 170 次，而优秀的跑步者为每分钟 200 次以上。把你的节奏加快5% 到 10%，不仅可以提升你的速度，还能有助于预防运动损伤。节奏加快可以减少对膝盖、胫骨以及其他身体部位的拉力。

大跨步

不要跨得太大。好的节奏和不过大的跨步可以有助于保持更加挺直的姿势。尽量以脚中间着地而不是脚跟着地。学习使用跟尖差较小的跑鞋。

柔韧性

跑步和其他运动都会造成一定程度的肌肉紧张。拉伸可以放松肌肉，使之变得更有弹性，从而不易被拉伤。突然运动时容易受到损伤的都是紧绷的肌肉。

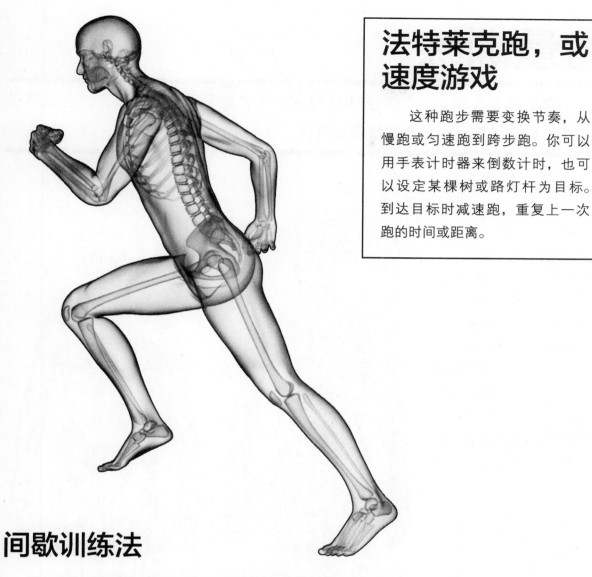

法特莱克跑，或速度游戏

　　这种跑步需要变换节奏，从慢跑或匀速跑到跨步跑。你可以用手表计时器来倒数计时，也可以设定某棵树或路灯杆为目标。到达目标时减速跑，重复上一次跑的时间或距离。

间歇训练法

　　间歇训练法是指包括多次高负荷强度和短恢复时间的运动方法。如果你是新手，从中等强度的有氧运动开始。体能提升之后，就可以选择无氧和高强度训练。

　　间歇训练法可以提高你的乳糖阈值（即你的肌肉充满乳酸之时）。间歇训练法对减脂非常有效，还能提高新陈代谢速度，并能持续到运动期结束之后，这就意味着可以有效地减肥。

力量训练

力量训练是体能训练的重要组成部分，它有助于建立核心稳定性并增强核心力量，并为其他运动形式提供稳定支撑。

力量训练建立起强大的核心肌肉群，有助于为行走、跑步以及其他与力量有关的运动提供稳定性。

力量训练还能加强肌肉力量，有助于应对军事体能测试的挑战。因为军事训练常常需要长途负重，所以力量训练非常适合提高军事体能。例如，战士会被要求长距离负重步行、挖壕沟等，这些都需要能量和力量的短时间爆发。

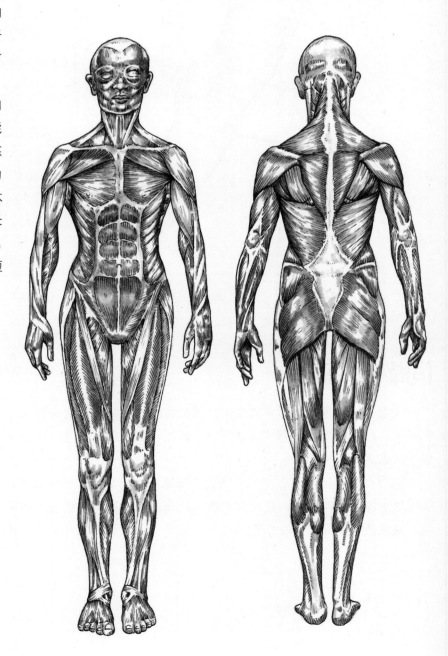

胸部训练

仰卧杠铃推举：

- 平躺在多功能健身器（如史密斯机）的长凳上，或使用一个你可以操控的杠铃。
- 双肩位于杠铃的正下方。
- 抬起双脚。
- 双腿交叉。
- 紧抓横杠或手柄。
- 推举杠铃，直到双臂几乎伸直（但是不要交叉肘部）。
- 再缓慢放下。

重复 20 次左右，亦可视你的力量和体能水平而定。

仰卧哑铃推举：

- 平躺在训练长凳上，双脚平放在长凳上，膝盖抬高。
- 双手各握一个哑铃，举过胸部。
- 肘部弯曲。
- 把哑铃放低至身体两侧。
- 然后再次举起哑铃，在胸部上方并拢哑铃，但不要交叉肘部。

重复 20 次左右，亦可视你的力量和体能水平而定。

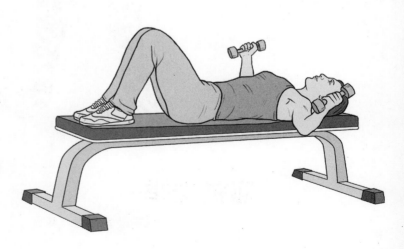

肩部训练

肩部推举

有三种方式可以用来进行肩部推举训练：坐姿、站姿，或使用有背部支撑的多功能健身器（如坐姿推肩器）。

- 双手放在杠铃上，杠铃稍低于肩部。
- 在颈部后方抓住杠铃。
- 缓缓向上推举杠铃。
- 缓慢放低杠铃至先前位置。

重复 12 次，亦可视你的力量和体能状况而定。

哑铃推举

- 双脚分开与肩同宽站立，背部挺直。
- 双手分别轻轻举起哑铃至肩部前方。

- 一只手将哑铃举过头顶，然后归位。
- 另一只手重复该动作。

试试每组动作做 18 次，亦可视你的力量和体能而定。

哑铃侧平举

- 双脚分开与肩同宽站立，背部挺直，双手各握一个哑铃于腰侧。
- 同时举起哑铃。
- 保持双臂伸直。
- 缓慢放低哑铃至先前位置。

试试每组动作做 12 次，或视你的力量和体能而定。

哑铃俯身臂屈伸

俯身站立或单膝支撑在凳子上，保持身体稳定，一只手持哑铃，上臂紧贴身体，前臂自然下垂，肱三头肌用力向后上方伸臂，直到手臂完全伸直，稍停，然后控制还原至初始状态。

手臂训练

二头肌弯举

- 双脚分开与肩同宽站立，背部挺直。
- 抓举多用健身器上的曲杆或普通杠铃至腰部高度；双肘内收于体侧。
- 屈臂举曲杆或普通杠铃。

- 到肩部，再放下。举高时呼气，放低时吸气。
- 也可以坐在牧师凳上做这个动作。

试着每组动作重复20次，或视你的力量和体能而定。

固定上臂弯举

- 坐在训练长凳上，单手握住哑铃。
- 手肘放在大腿上。
- 缓慢屈臂举起哑铃朝向肩部，然后缓慢放下。

试试每组动作做 12 次，或视你的力量和体能而定。

双杠臂屈伸

这个动作能够锻炼你的肱三头肌。最好在健身房里的双杠上完成，也可以在有扶手的座椅上进行。

- 手指关节朝外撑起身体。
- 身体与手臂保持一臂的距离，手臂几乎锁定在横杠上方。
- 伸出双腿，抬起膝盖，保持微倾。
- 然后缓慢下降。
- 手臂用力，直到手肘呈 90°，然后手臂反方向用力，直到手臂伸直。

核心体能

核心肌肉群对支撑整个身体起着关键作用。强大的核心力量可以提升你在各种运动中的表现，例如跑步和游泳，还能改善体态、降低背部受伤的风险。

腹部

腹部练习时双腿不要交叉，这样可以使腹部肌肉发力，而不是腿部和背部下方的肌肉发力。

仰卧卷腹

- 平躺，双腿弯曲，双脚平放于地面。
- 双手置于头部后方或靠近头部，也可以放在大腿上。
- 头和上身抬起，离开地面，同时呼气，肘部向膝盖靠近。
- 保持向上姿势 5 秒，然后躺平。

转体仰卧起坐

- 平躺，双腿弯曲，双脚平放于地板。
- 双手置于头部后方或靠近头部，也可以放在大腿上。
- 头和上身抬起，离开地面，一侧肘部朝另一侧膝盖靠近（右肘朝左膝，左肘朝右膝）。
- 然后躺平，另一侧肘部重复以上动作。

仰卧抬腿

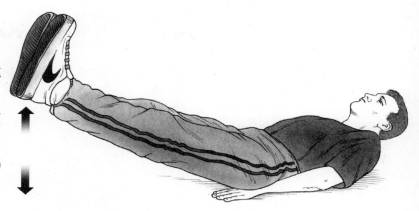

- 仰卧平躺，双手放在体侧或臀部下方。
- 双腿伸直，双腿抬起，距离地面约 15 厘米。
- 再抬高至距离地面大约 50 厘米，然后放低至 15 厘米。
- 重复以上动作。

重复 30 次为 1 组，亦可视你的力量和体能而定。

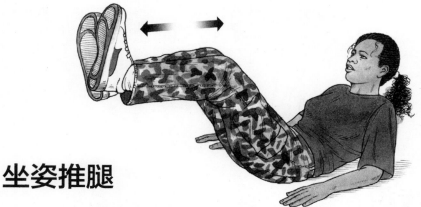

坐姿推腿

你可以坐在训练长凳或地板上。双手支撑，坐直。膝盖抬高至胸部，再伸直双腿。整个动作过程中双脚保持离地。每组重复约 30 次，亦可视你的力量和体能而定。

俯卧挺身

- 俯卧，双腿伸直并拢。
- 双手紧扣于后背。
- 脚尖内扣，背部肌肉发力，把头、双肩和胸部抬起距地面 20—30 厘米。
- 保持该姿势一会儿，然后放松，回到开始姿势。

徒手深蹲

- 站直，双脚与肩同宽，双手放在体侧或向前平伸。
- 双脚稍稍打开。
- 臀部后推，屈膝。
- 下蹲，直到大腿与地面平行。
- 背部保持挺直，从脚后跟发力，起身至原点。

箭步蹲

箭步蹲可以锻炼腘绳肌和臀部肌肉。

- 双脚与肩同宽站立。
- 双臂交叉，背部挺直。
- 单脚向前迈出，另一侧腿部弯曲，后脚抬起，脚趾受力。
- 下蹲，直到前腿弯曲呈 90°，重心放在前脚后跟。
- 从脚后跟发力，重心垂直起身至原点。

登阶运动

登阶运动可锻炼你的大腿、臀部和腘绳肌。

- 双臂交叉放在胸前，单脚向前登阶或平台。台阶应高约 40 厘米。
- 向前稍倾斜，然后把重心移到前脚。
- 前脚后跟发力，蹬腿，后脚登阶。
- 慢慢回到原点。

腿部推举

倒蹬机可以很好地锻炼大腿股四头肌的力量。

- 双脚与肩同宽。
- 推举伸展双腿，但不要锁死膝盖。
- 慢慢回到原点。

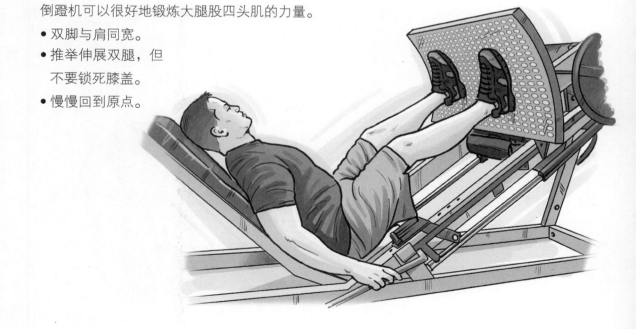

军事体能

军事体能的概念不仅仅用于军事领域。人们越来越认识到具有全方位身体优势和良好核心力量的军事体能可以胜任所有运动，并为灾难生存提供全面准备。

军事型体能的目标是全方位和功能性的，这是因为军人要面对各种实用型任务和挑战，例如长途负重步行、迅速搬运武器和弹药，以及挖壕沟等。

练习健身的人可能看上去健壮，但是他们的肌肉通常缺乏功能性，不能应对每天的实际任务，而且可能灵活性差。练长跑的人可能速度和灵敏度不错，但往往缺少举重所需的力量。

主要的军队，例如美国和英国军队，都制定了入伍的最低体能标准，这些最低体能测试反映了军人需要面对的实际任务的要求。

新版英国军队标准体能测试（加上蜂鸣测试）

原地托举：

举起 70 公斤的袋子模拟伤员撤离。

设备携带测试：

携带 30 公斤的重量，距离 20 米，重复 20 次。

引体向上：

2 分钟内男子 44 个，女子 21 个。

仰卧起坐：

2 分钟内 50 个。

2.4 千米（1.5 英里）跑：

9 分 40 秒至 14 分 30 秒完成，因兵种不同而略有差异。

进阶跑测试（MSFT）或蜂鸣测试

　　全世界有一些军队采用蜂鸣测试，又称进阶跑测试（MSFT）。特种部队也使用这种测试。进阶跑测试设定了最低体能标准，达标之后新兵才能进入下一阶段训练。

　　蜂鸣测试要求测试者在两条相距 20 米的往返线之间来回奔跑，同时用蜂鸣器来控制跑步的速度和节奏。蜂鸣器节奏越来越快，测试者的最后得分取决于最后一次跟上蜂鸣器节奏的速度。

美国陆军突击队士兵体能测试项目

- 3 千米跑：最多 15 分 12 秒
- 俯卧撑：2 分钟内至少做 49 个
- 仰卧起坐：2 分钟内至少做 49 个
- 引体向上：至少 6 个

饮食

良好的饮食是你健身计划的重要组成部分。它能帮助你减重、改善身体质量指数（BMI）。调整饮食首先要做的是减少过量碳水化合物和脂肪的摄入。

下列食物中含有过量碳水化合物：

- 甜点
- 糖果
- 含糖软饮料

下列食物中含有过量脂肪：

- 用饱和脂肪烹调的食物
- 人造黄油和黄油
- 油酥糕点
- 全脂牛奶

试着用健康食物代替垃圾食品：

- 用低糖早餐谷物如燕麦代替高糖麦片。
- 用干果或新鲜水果，如椰枣、葡萄干或蔓越莓干代替含糖零食。
- 用白水或气泡水加一片柠檬或酸橙代替含糖饮料。
- 用酒精含量很少或不含酒精的饮料，或天然果汁和水，代替含酒精的饮料。
- 用咖啡因含量很少或不含咖啡因的饮料，如绿茶或甘菊茶代替高咖啡因饮料，如咖啡和浓茶。

"美国陆军体能指南"中的营养指导原则

- 努力使你的饮食组成中三分之二的营养来自谷物、蔬菜和水果；三分之一来自低脂食物或瘦肉蛋白，如奶制品和肉类。
- 如需减重，请增加运动量，减少热量摄入。限制高脂和高糖食物。如果正在进行力量训练，则需增加热量摄入来增肌。
- 避免或减少食用快餐和加工食品。
- 每天喝 8 到 10 杯水。
- 遵循"饮食第一"原则，饮食对于健康和体能表现至关重要。

身体质量指数（BMI）

　　身体质量指数（BMI）是军队用于评估士兵体能的关键指标。BMI 得分取决于年龄、身高和体重。例如，要加入美国陆军，你的身体质量指数需要在 18.5 到 24.9 之间。

专注摄入以下基本食物：

- 碳水化合物：面包、麦片、意大利面食、米饭和面条。
- 脂肪：牛奶、奶酪。

- 蛋白质：肉类、鱼、鸡蛋和坚果。每周吃两次富含油脂的鱼类。
- 维生素和矿物质主要来自蔬菜、肉类和水果。每天吃 5 份水果和蔬菜。

蛋白质

奶制品

维生素和矿物质

水果和蔬菜

碳水化合物

　　注意：膳食纤维可帮助消化系统高效工作，还能吸水膨胀，产生饱腹感，减少其他食物摄入量。

　　运动时选择喝水而不是能量饮料，因为能量饮料很可能有副作用，而水没有副作用。

　　减少盐的摄取。不要往食物里再加盐，注意查看食品标签标注的钠含量。

心理准备

灾难总是来得出乎意料或措手不及，以致带来生命和财产的损失。在思想上对可能出现的压力准备得越好，灾难生存的成功率就越高。

从事紧急救援人员和军队人员在成功处理了危机之后常常会说：幸亏有训练。这句话表明在危机时刻的压力之下，几乎没有时间做计划和决定。所以，事先在思想上准备得越充分，你才会处理得越好。

处理压力

人的身体和大脑适合处理短期压力。压力反应的极端模式是战斗或逃离，此时大脑向身体分泌激素，关闭次要的程序，集中于逃离危险。其中被关闭的一部分大脑部位是前额叶皮质。在极端危险时这种反应是有效的，但是当需要更加理性地处理时，就会出现问题。

训练自己摆脱战斗或逃离的模式，可以帮你在危机时也能理性思考，同时还能警惕此时存在的危险。高度敏感的人往往更容易进入战斗或逃离反应模式，所以更需要着力避免。

首先要意识到大脑的反应通常来自恐惧，这一点很重要。下一步是判断危险的级别，并采取相应行动。通过训练来控制对恐惧的反应会有利于在危机时做出正确的决定。训练自己去思考：将要发生什么？你该如何使危险最小化？在大脑中勾画心理地图可以使你在危机来临时保持冷静并从容应对。

压力的负面影响

压力可能会非常巨大并产生一系列负面影响。除了战斗或逃离这种压力反应，另一种是不知所措，就像黑夜里的小鹿被车灯照到，被灯光吓得不知所措那样，此刻大脑僵住，无法思考。

情绪波动、酗酒或吸毒、睡眠缺乏、短期记忆丧失等都是压力反应的迹象。这些压力反应严重时会导致紧张症状，无法为自己和他人做任何事情。

睡眠

如果你总是处于压力之下，最终会精疲力竭，导致行动力大大减弱。所以在可能的条件下保持良好的睡眠非常重要，这样才能给身体和大脑重启的机会，使你注意力更易集中。

集中注意力和做计划

有些人在跟别人交谈时就能思考并产生想法，也有一些人需要有单独时间和空间才能思路清晰。无论你是哪种方式，都要确保在注意力集中时给自己足够时间做计划。这样，当压力出现，需要你采取行动时，你就能更清醒地思考并想出应对方法。

呼吸练习

　　用鼻子缓慢吸气，停顿片刻，然后用嘴缓缓呼气。呼吸时把注意力集中于呼吸动作上，而不是在想法和外界刺激物上。如果注意力被其他东西所吸引，要试着把注意力回到呼吸上，呼吸练习每次做 5 分钟。

呼吸

　　练习深呼吸；吸气到腹部，缓缓呼气。这个动作有助于调节自律神经系统，减少恐慌或过度反应的倾向。

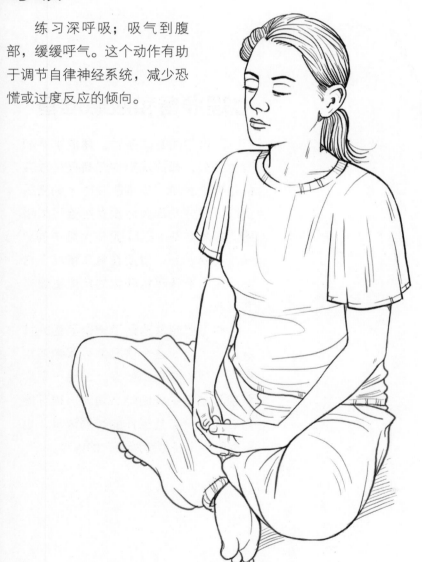

冥想

　　养成冥想的习惯可以帮助你在危机时保持头脑冷静，免于恐慌。冥想最好持续 20—30 分钟，也可以采取多个 2 分钟冥想的方式来放松大脑。

　　冥想时，尽量找一个让你感觉放松但又能保持警觉的安静的地方。注意力集中于脑海中一个令你平静的词语或图景。经过这种练习，即使日后碰到危机，你也可以适时停下来，在做决定之前整理思绪。

团队建设

如果你与他人结伴探险，应提前一起做培训。和团队一起面对艰巨的挑战时，你们需要建立相互的信任，了解每个人的优缺点。你必须知道在危急关头哪些人是可以依靠的，也要知道你是否可以让别人依靠。

心理准备和应急准备

无论你的身体条件、体能水平和耐力如何，最终决定你坚持还是放弃的是你的大脑。灾难降临时大脑变得混乱，部分是因为你没有经验可以借鉴。应急准备（EC）是在大脑中创建一个特殊档案，以便在紧急情况下借鉴。应急准备可以使你的反应更适当和有效。

你可以想象遇到了一个陌生的情况，为了应对这个情况你可以参考档案柜里或电脑里的档案。设想一下你希望从档案中找到什么内容。很可能内容是一份容易操作的行动清单，也可能是以下各章节所包含的内容。

可视化技巧

运用正面可视化技巧来想象在各种极富挑战的情况下你该如何采取行动。这种练习会使你在处理危机时思路更清晰，行动更高效。这些技巧还能使你心理强大，有效对抗恐慌和头脑混乱。

积极地去想象你会怎样处理棘手的情况，建立建设性的心态。想象挑战困难时你是胜任的、自信的，是可以控制局势的，最终会取得胜利。

通过积极的思考、计划和对想象的引导，你将在脑海中创建一个虚拟的应急档案，为遇到灾难时提供借鉴，这将有助于提高你在紧急情况下发挥最佳水平并取得成功的概率。

人的想象力是强有力的工具。相比强迫自己学习一门新技术，想象力的力量比强迫的力量更有效。关键要做到沉浸在可视化的训练之中：你所想象的对你而言就是真实的，这样才能取得效果。

积极思考

建立积极心态，集中聪明才智，来应对可能发生的一切。

列出行动计划可以避免在紧急时刻手足无措，计划可以使心理准备更充分。通过不断练习找到最适合你的行动计划并且坚持下去。

记住：熟能生巧。不断练习还能够强化你的自信心，相信自己可以面对灾难的挑战。

在极端压力下保持专注力是在灾难中生存的关键。

情境意识

未雨绸缪的另一个方法是对周围发生的一切保持更清醒的意识。例如，对于战士来说，虽然已经从战场返回到相对安全的日常环境中，但是他们仍会在一段时间内保持超级敏感。

例如汽车回火时，可能会引发自燃，发出类似枪击的砰砰声。在一定程度上意识到这一点是有益的，因为在当今的世界，汽车或卡车可能会被用作武器。

如果你通常对安全公告或警告置之不理，请学习关注安全警示。除此之外，在拥挤的场所，如电影院、体育场等人多之处要练习分析其安全性。

如果发生危险，要能找到避难的场所。要留意行为可疑、着装古怪或携带可疑包裹的人。观察周围，找到在紧急情况下可能结为同盟的人。另外，手机通讯录里要有多个紧急联系人的电话号码。

抽离

通常，感觉不能解决问题而从问题中抽离是有害的。然而，有时抽离也是有益的，例如它可以在极寒或体力要求极高时使你暂时忘记艰巨的挑战。抽离可以使你的注意力转移到愉快的事物上，同时给你时间适应并解决手头的问题。

面对高难度挑战时，有时把注意力从周围抽离出去于你有益。

自信心

　　为了建立自信，你要表现得就像你可以胜任一切。即使害怕，也要继续。记住大多数人都会恐惧，只有勇敢者才能克服恐惧前进。

　　做好身体上和心理上的充分准备会让你信心倍增。回顾经历过的挑战，从中吸取经验。不要拿犯过的错误批评自己，要看到好的一面，不断学习和进步。

　　无论成功或失败，你都要从中吸取经验教训。加强心理训练，从而提升自信。

动力

　　生存欲给予你的动力会一直伴随着你，并阻止你放弃。动力因人而异。对于有些人来说，他们的动力来自和家人重逢的决心，而对另一些人来说，动力来自不让团队成员失望的信念。

积极地吸取经验，克服体能的挑战等，都有助于建立自信心。

摆脱忧虑

　　担心不好的事情会发生于事无补，只会使所担心的事情更可能发生。因为担忧会消耗正能量，还会增加压力。停止担心，把注意力转移到做计划和准备工作上。转移忧虑的另一种方式是着眼当下，以及此时此刻你能做的事。懊悔过去和畏惧将来都是无益的，要避免这两种行为。

确立目标

在实现长期目标之前，先确立一系列可实现的短期目标。然后完全着眼于眼下的目标，待这个目标达到之后，你就会更有信心实现下一个目标了。

实际操作时，你可以把长期目标分解成多个部分，再确定实现每部分所需的大体时间。即使在计划时间内没有完成特定的短期目标，你也无需担心，因为你可以调整总体时间安排，并从暂时的挫折中吸取经验。思考一下你所取得的成绩，而不是总想着你没能取得的成绩，或还有多少目标需要实现。不断强化自己的自信心，相信自己一定能实现最终目标。

强烈的动机会帮助你实现目标。

耐力

耐力不仅仅关乎坚持下去不停止，它还关乎在挫折时总是能振作起来。耐力就是跌倒了还能爬起来再试一次的能力。

放松技巧

- 采取一个令你舒服的姿势。
- 缓慢、放松地呼吸。
- 想想你的双脚。
- 动动脚趾，然后放松脚趾。
- 现在先想想你的小腿，再想想大腿。然后放松。
- 注意力集中在后背下方，放松后背的肌肉。然后注意力转移到后背上方，放松。
- 注意力集中在手指，放松，然后注意力转移到前臂和上臂，放松，然后移到肩部，放松。
- 接着放松你的颈部和下颚。
- 此时如果你感觉到某个部位仍然紧张的话，那就专注于这个部位，然后放松。
- 最后，专注于你的呼吸。吸气时感觉腹部鼓起，呼气时放松。
- 专注于愉快的想法，专注于放松本身。

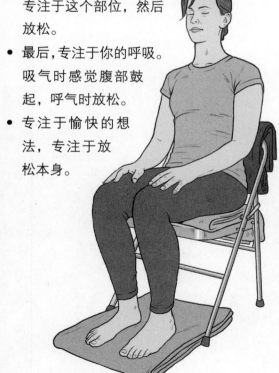

拥抱脆弱

　　脆弱是你意识到你也是人，也有局限性。令人惊喜的是，拥抱脆弱意味着你在面对挑战时会更自信，因为你对自己不再要求过高。你不需要期待自己在任何时候都能胜任一切。拥抱脆弱使你接受自己本来的样子，也能够接受他人。

从消极到积极

　　给自己足够的时间休息。消极的想法可能会导致自我惩罚，所以要记住对自己好一点。如果有必要，花些时间喘口气。给自己时间重新专注起来。冷静下来，不断地重新集中注意力，你会表现得更好。放松非常重要，放松时你的身体和肌肉能重新获得能量，让你接下来的表现更出色。

分心

在灾难来临时会有许多意想不到的事情发生，所以会有很多让你分心的事物。不过，分心是一种选择。你可以选择不让分心影响你的情绪或你对形势的控制。

练习处理小的干扰：

首先，保持沉着冷静。例如你可以和开车很慢的司机在一起练习培养耐心，如果缺少耐心就容易导致"路怒"，对所有人都不利。训练自己不被意料之外的事情干扰，这样能提高专注力和对局势的控制力。

通过控制自己对引起分心事物的情绪反应，你就能保持专注。

通过练习对引起紧张的事物保持冷静，你就能获得控制力，并可以正确地看待令你分心的事物（它们通常都很小）。在任何情况下，包括出现分心的那一刻，都要积极地思考。退后一步，并正确地看待。

灾难发生时你会遇到比平时严重得多的各种分散你注意力的事情。试着离开它们，想象离它们越远越好。下决心采取行动而不是被动地反应。把注意力集中在你的计划上，而不是那些干扰你的人和事。

优秀的战士通过高强度训练和重复练习来应对干扰。

接受局限性

　　人不可能总是表现得最好，即使在熟悉的环境里也是一样。因此灾难发生时我们就更不可能做到最好，或给出最佳解决方案。休息片刻，利用当下的条件，尽力而为就行。无论达成怎样的结果，都要为自己高兴，因为我们已经尽力而为。

　　在任何情况下，尤其是在遭遇自然灾害或突发事件的严峻情况下，不要把个人价值和表现混淆在一起。

三三法则

　　三三法则是美国海军陆战队使用的思考策略。该策略要求：在具体问题发生时，提出三个选择方案，仔细评估每个方案的利弊，然后选出最佳方案，并执行到底，过程中不再犹豫。

装备和着装

当发生洪水或森林火灾等灾难时，你被迫舍弃家园，这时你几乎没有时间考虑要带些什么。如果你的住所很可能发生这样的灾难，提前考虑要带的衣着和装备是个很好的想法。还需要考虑的是你用什么来装这些要带走的东西。例如，一个大的双肩背包加上一个装应急物品的小包，会非常实用。

灾难意外发生时，适合天气和气候变化的装备和着装对生存至关重要。

天气条件

大多数人由于不能确定哪些物品是应对灾难所必需的，常常会打包过度。其实很多时候他们并不需要那些多余的物品。

首先，仔细考虑你所在的区域可能出现的天气情况，依据天气把需要的衣服和装备集中成一堆，接着从这堆东西中精简出必需品。

着装

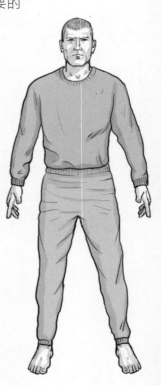

打底服装：打底的衣服应当透气、吸汗。最好不要穿全棉服装，因为会吸水，而且要花很长时间才能晾干。选择人造纤维材质或品质较好的天然纤维，如美丽奴羊毛。美丽奴羊毛既舒适又暖和，还含有天然抗菌性能，所以不会吸收体味。即使是潮湿的环境下它也能保持良好性能，既能吸湿又不会感觉潮湿。

温暖的中间层：中间可以穿长袖式或背心式摇粒绒上衣，既暖又轻，便于携带。也可以在外套里头用拉链加一个加绒夹层。有些软壳摇粒绒夹层可以防雨，适合雨下得不大时穿着，既能防雨又比较透气。这样你就没必要在小雨时穿上又重又闷的硬壳夹克了。加绒的厚度依照可能出现的气温条件而定。选择范围从轻薄款到加厚款之间都可以。

袜子：跟其他衣着一样，袜子的选择也要适合天气情况。夏天时穿更薄的袜子，因为脚会发胀，出汗更多。冬天则应选择厚一点的。另外，要带一双干袜子备用。

硬壳夹克：它可以抵御暴雨和狂风。要确保它是完全防水的，而且透气，口袋位置符合你的要求。有的口袋带衬里，可以暖手用。还要考虑一下夹克的长度，选择穿上后适合你运动需要的长度。

防水长裤：这种长裤在暴雨或暴雪时非常实用。它能使底层的裤子保持干燥。选择穿脱方便的款式，例如脚跟处有拉链的款式就很不错。

靴子或鞋：选择结实的鞋子非常重要，尤其是需要穿越地震或洪水灾区时。结实的鞋子抓地力大，还能保护你的双脚和脚踝下部。

叠穿的原则

背包

手边准备一个足够大的背包以装下你的必需品，留出一些空隙。为了减轻背包的重量，应尽可能减少你的必需物品。

小容量的洗发水、剃须膏和牙膏在很多商店都可以买到。除了带上防灾应急食物，还可以装上巧克力和一些你爱吃的食品，以及小包装的奶粉、咖啡和糖。

如果你有任何坚硬的物品，例如食品罐头或烹饪炉，请确保将它们放在背包的外层，而不要抵着你的后背。

急救箱

带上急救箱总是对的。如果遇到不能带背包和其他装备的情况，记得把急救箱挂在腰带上或放在外衣口袋里。

急救箱里建议放入：

- 不同尺寸的防水创可贴
- 脚跟扭伤时所需的绉纱绷带，也可以用作敷料纱布
- 处理伤口所需的软垫敷料
- 药棉
- 医用胶带
- 剪刀
- 镊子
- 消毒湿巾
- 消毒药膏或消毒喷雾
- 碘伏
- 体温计
- 止疼片，例如布洛芬或阿司匹林
- 缓解反胃的药物

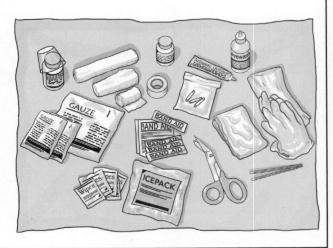

救生包

参加高危险行动的军人所携带的救生包可以使他们在缺少主要装备的情况下维持生存。在军事环境下，常常需要丢弃沉重的背包才能逃跑。在非军事环境中，发生意外或灾害后你与主要装备也往往不在一起，所以

一个随身携带的救生包对灾难求生非常重要，你可以设计一个自己的个人救生包，装入一些最基本的东西，使你即使面临灾难也能有一分舒适。

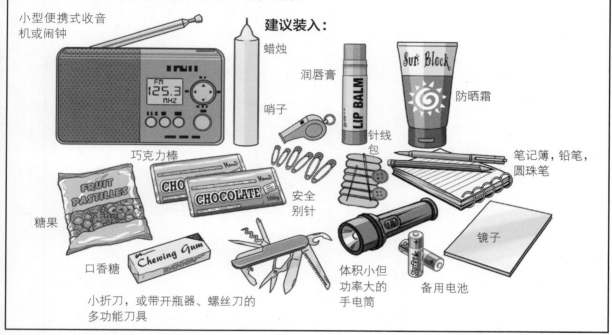

小型便携式收音机或闹钟

建议装入：

蜡烛

润唇膏

防晒霜

哨子

针线包

笔记簿，铅笔，圆珠笔

巧克力棒

安全别针

糖果

镜子

口香糖

小折刀，或带开瓶器、螺丝刀的多功能刀具

体积小但功率大的手电筒

备用电池

打包必备品：

睡袋：

如果你想尽可能轻装上阵，请选择鹅绒或鸭绒填充的睡袋，因为它们更轻，装起来体积更小。但是，打湿后这些天然材质的睡袋会花更长时间才能晾干。如果你在雨雪多的潮湿地区，最好使用人造材质的睡袋，例如"新雪丽"保暖材料。

睡袋衬里： 睡袋衬里用起来很方便，它可以使你的睡袋保持干净，还可以吸收体味，并能拆卸清洗。在气候温暖的地方睡袋衬里可以单独使用，或在茅屋和救援中心过夜时单独使用。

防水包： 手边准备几个防水包，确保背包进水后衣服保持干燥。

水： 在任何环境中携带充足的水都是优先事项。确保你的背包有足够的容量可以装水。

导航必备品

确保你具备良好的导航能力，这将帮助你在灾难时找到返回安全地带的道路。

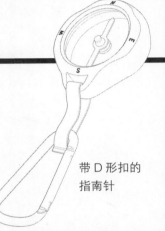

带 D 形扣的
指南针

发生灾难时很可能无法连接互联网辨别方向，所以记得带上一张详尽的地图。1：24000 的比例尺就够用了，此时 1 厘米代表 240 米。

- 可以保护地图不被雨淋的地图盒
- 与地图一起使用的带底座指南针
- 军用指南针可以确定远距离的精确方位
- 用于测量地图上距离的量图器
- 测量你行走距离的计步器
- 计算速度的计数器

带底座指南针

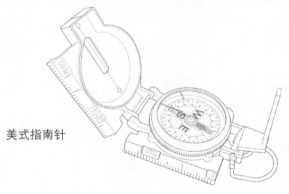

美式指南针

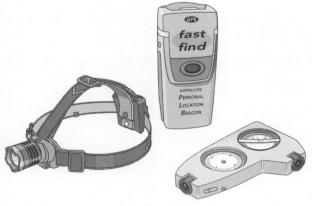

其他有用的物品

- 带全球卫星定位系统（GNSS）的个人定位灯标，以备营救之用
- 夜行所需的头灯
- 看地图用的手电筒
- 用于在地图上标记号的油性笔

怎样用指南针和地图测方向

把地图朝北，这样你的行走方向与地图上的方向一致。

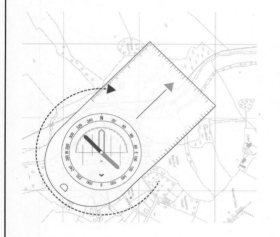

测量方向时，把指南针边缘平行于你所在位置和你的目的地。

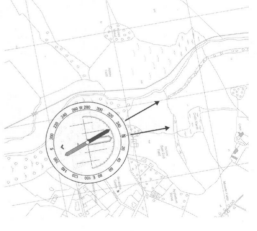

滑动指南针外壳，使外壳上的红色箭头指向北，使它与地图的经线平行。

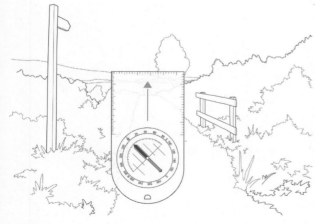

把指南针从地图上方拿开，保持水平。拿着指南针转身，直到指针的红色尖端并入北—南朝向的红色箭头。行程箭头现在的朝向就是你的目的地方向。在行程路线上选一个地标作为参照物，这样便于沿着此方向前进而不致偏航。

家中必备品

如果洪水或飓风导致你家完全或部分与外界切断联系，那么家中就需要有基本的装备、水和食物。

注意所有的灾难警告，做好相应计划，重要的是水和食物。储存供全家至少可以用三天的水，记住每人每天至少需要喝 2 升水。

储存物品

- 罐头食品，要放在安全的地方，记得要有一个开罐器；
- 一些盘子和水罐；
- 足够多的备用卫生纸；
- 一个带盖子的塑料桶；
- 一卷垃圾袋；
- 一些备用毯子、睡袋和睡垫；
- 家用工具箱；
- 电池供电的收音机和备用电池，在紧急情况下可以收听广播；
- 电池供电的野营灯；
- 蜡烛和火柴；
- 家庭用急救箱，里面要有处方药；
- 个人文件,如护照、保险单据、个人身份证明等；
- 手机和充电器；

- 强力胶布；
- 工作手套；
- 每人有一套备用衣服和袜子；
- 每人都备有雨衣。

基本救灾物资包

发生紧急情况之后的几天你可能会需要自救。你需要提前准备好至少可以维持 72 小时的食物、水和其他物资。救灾物资包里装入的是你和家人在紧急情况下所需的基本物品。

先把物品放入密封塑料袋，再把所有的袋子放入 1 到 2 个便携式塑料桶或筒状帆布包。

基本救灾物资包里应当装有：

- 水：每人每天约 4 升饮用和卫生用水，至少三天的量；
- 食物：不会腐烂的食物，至少三天的量；
- 电池供电或手摇充电收音机，带声音警报的天气预报收音机；
- 手电筒；
- 急救箱；
- 备用电池；
- 救生口哨；
- 可过滤有毒空气的防尘口罩、塑料布和强力胶带，用于就地避难；
- 个人卫生所需的湿巾、垃圾袋和塑料袋；
- 用来关闭水电等的

扳手或钳子；
- 开启食物的手动开罐器；
- 当地地图；
- 带充电器或备用电池的手机。

备用物品

具体物品取决于你的实际情况和家人的年龄阶段，常用的需提前准备的备用物品如下：

- 小孩子用的尿不湿
- 处方药
- 婴儿配方奶粉或瓶装奶

- 罐装儿童食品
- 纸杯或塑料杯，盘子、刀、叉、勺子
- 开罐器

- 消毒喷雾
- 湿巾或湿毛巾
- 卫生纸
- 书籍、游戏和拼图

- 备用视力矫正眼镜和阅读眼镜
- 隐形眼镜盒和清洗液／缓冲液

洪水和海啸

　　在所有的自然灾害中，洪水是最频繁也是最危险的灾害之一。在美国，洪水造成的死伤超过其他自然灾害。海啸是海底地震、火山喷发或海底滑坡时导致海床大范围急剧变化所引发的巨浪涌向陆地时所造成的灾难性事件。海啸导致的破坏和生命损失往往非常大。

2011 年 3 月 11 日，日本北部城市宫古市发生 9.0 级地震。地震引发的海啸冲断了路堤，淹没了高速公路。

洪水

在某种程度上，通过修建大坝、水渠、水库和对洪泛区的治理，洪水是可以预测和控制的。植树造林对于减少洪水的危害也起着重要的作用。

雨量过大，河水漫过堤岸时就会发生洪水。在世界上的某些地方，季节性的洪水对农作物有利，例如美国中西部的密西西比河谷、北非的尼罗河河谷和西亚两河流域。在这些地方，洪水过后留下的肥沃淤泥有利农作物生长。

肆虐的洪水会对生命造成巨大的损失和威胁。即使是看上去无害的行为，例如河狸建造河坝，有时候也会导致河水漫过堤岸，造成一定规模的洪水。

海水的大浪也能造成洪灾。海啸或大风暴会把大量海水带往陆地。

洪泛区是大自然处理河水泛滥的方式。土壤渐渐吸收了洪水，河流也回到了正常的状态。但是，房地产开发商经常在洪泛区建造房屋，混凝土的大量使用减少了能自然吸收洪水的土地的面积。

2008 年，路易斯安那州巴吞鲁日市，一辆卡车穿行在被洪水淹没的街上。

洪灾损失

巨大的水体携带的水量重达几百万吨，能轻易卷走汽车和建筑。洪水侵蚀土壤，所以即使建筑物没有被洪水冲垮，其地基也会被侵蚀，造成下沉或倒塌。此外，排水系统会混入洪水，导致例如霍乱这类传染病的传播。

由于可能与化学品接触，洪水会携带有毒物质。洪水过后还会留下危险的尖锐物体，甚至还有可能造成触电危险的电线。

密西西比河洪水

密西西比河是北美最长的河流之一，也是世界上最大的河流之一。它全长约 3734 千米，它的集水区域覆盖了美国 31 个州的部分地区。如此巨大的河流存在着极大的洪水泛滥的危险，洪水会被若干因素触发，包括强降雨、春季快速融雪或大平原地区的雨季提前。

1993 年夏天，密西西比河及其相关河流（如密苏里河）同时发生水灾，冲垮了大坝、防洪墙和防洪堤，受灾面积达 600 万公顷。据统计数据显示，这种大洪水每年的发生机率是 1%。

突发洪水

突发洪水很危险，难以预测，很难控制。正如它的名字一样，它突然发生，几乎没有征兆。它可能是被风暴带来的强降雨或冰川融化所导致的。当雷雨突然沿峡谷而下时，干硬的地表还没能吸收降水，就会导致突发洪水，这在沙漠地区尤其普遍。

大风引起水位上升

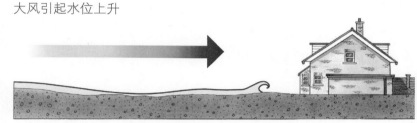

突然的水面上升会在沿海地区产生突发洪水

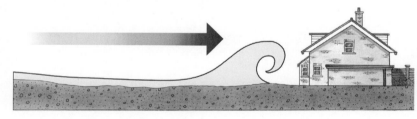

全球变暖有可能是当前洪水增多的原因之一。而突发洪水在城市地区加剧有可能是大量沥青和混凝土路面所导致。

建议使用石子路而不是混凝土来修车道。石子路可以使水排入下方的土地，而混凝土只会使水快速地直接流走。平时多留意你家周围或当地道路的下水道是否被堵住，必要时报告当地主管部门。有时只需要一叠树叶就能堵住下水道，使水流无法快速流走而产生积水。

洪水时这样做

如果你住在有洪水威胁的地区，请时时关注当地广播和洪水警报。通过政府网站了解危险等级。如果已经发布了洪水警告，请留出足够时间来准备。

在家中，如果可能，请拿起地毯，然后将尽可能多的家具移到较高的楼层或把家具用砖头垫高，以最大限度地减少与洪水的接触。将贵重物品放在架子上。关闭燃气和电力供应。

沙袋

确保适时备有足够的沙袋。如果传统沙袋用完了，可以使用塑料袋或枕套来自制沙袋。

把沙袋放在门口，就像砌砖一样以交错的方式把沙袋垒起：即第二层沙袋覆盖住第一层并排的两个沙袋中间，依此类推。最后踩到沙袋上用脚往下压，使沙袋紧密排列，堵住门口。

不要把沙袋堆得太高，因为水流的压力可能会使它们倒塌或位移。可以考虑使用硬质的洪水屏障。把沙袋放在通风孔前面。

放置沙袋

水流的方向

把沙袋边缘塞到下方

更好的方法：

在水流方向的那一侧把塑料布铺在沙袋墙上，再用额外沙袋压住塑料布。

金字塔式样：

适用于超过三层的沙袋。

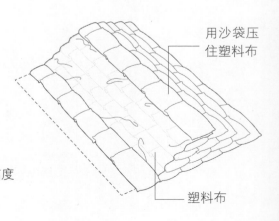

高度

宽度，应三倍于高度

用沙袋压住塑料布

塑料布

院子

按照可能的来水方向，在院子和花园中建防洪屏障。如果你的花园外墙圈住了整个房子，一定要用沙袋或其他专门的屏障把大门口堵住。

沙袋堤坝能很好地挡住不断上升的洪水。塑料布可以防止沙袋漏水。

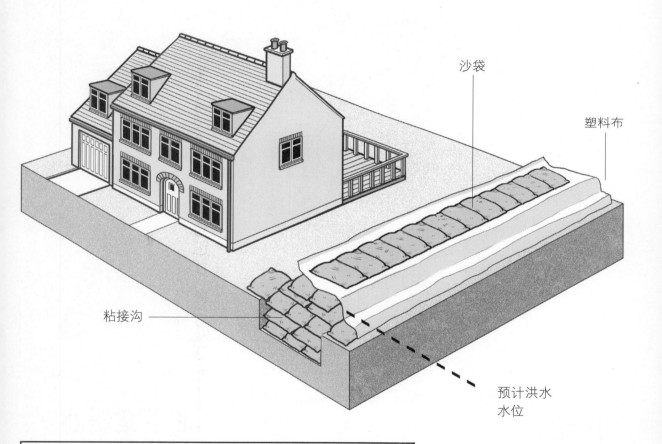

沙袋

塑料布

粘接沟

预计洪水
水位

水

往浴缸和水槽里注满干净的水。准备好足够的瓶装饮用水。洪水期间尽量不要饮用市政自来水，因为市政自来水很可能已被污染，直到当地有关部门通知允许饮用时再饮用。

当汽车遇到洪水

　　开车经过洪水时，应保持低速、平稳行驶，避免产生波浪，导致发动机进水。

　　如果你的汽车被困在洪水中，发动机失灵，这时你要做的是尽快离开车辆，因为它随时会被冲走。使车头面向水流的方向，以尽量减少水流对汽车的冲击力，防止车被洪水冲翻。

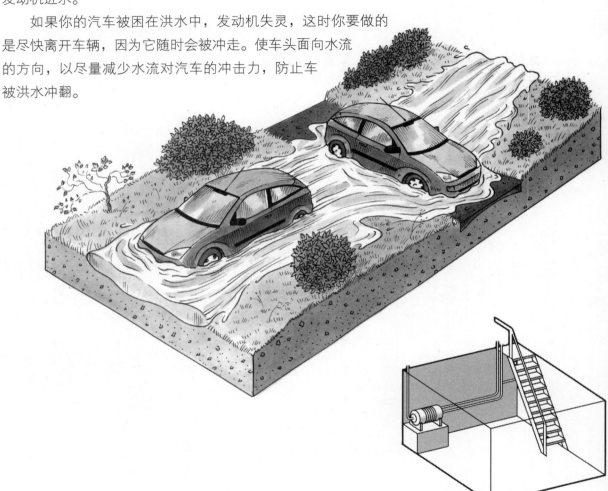

清理

　　洪水发生时，尽可能远离洪水，因为它很可能已经被污染。当洪水退去后，必须马上给浸泡过洪水的房子和家具进行清理和消毒。

地下室进水

　　如果你的居住地可能会发生洪水，建议你购置一个地下室用的抽水泵来抽干流进来的洪水。

日本 2011 年海啸

2011 年 3 月 11 日，野村雅子和她的姑妈开车去位于宫城县的气仙沼市，气仙沼市靠近那天地震的震中，该市大部分地区被其后的海啸摧毁。超 800 人死亡，1196 人失踪。

她们开车时感到了地震但还是继续往前开。到达开会地点时，她们被告知大海啸正在涌来，必须马上撤离。她们回到车上后，很快发现自己已身陷大堵车之中。

野村雅子意识到要想活命就必须弃车去地势高的地方。尽管不知道该去哪里，但她们很幸运碰到了一位海岸警卫，此时他看见一面水墙正在涌来，于是让她们跟他走。他们用尽全力爬过许多围墙和建筑，最后爬到一个建筑物的顶上才终于安全，当时周围已都是翻涌的海水。

野村雅子的经历告诉我们：快速思考并做出决定，加上一些运气，能起到救命的作用。如果海啸袭来，你根本没有时间在堵车的车流里等待，必须快跑才能求生。

海啸

海啸引起的波浪，虽然在深海相对较小，但是速度可以达到每小时 805 千米，所以只要一听到有海啸警报，你必须马上采取行动。

当海浪到达大陆架时，速度减弱，高度增加。15 分钟之内浪高能达到 30 米。当海浪涌向陆地，能把途经的一切都冲走。

与地震相关的海啸产生的原因是板块边缘的构造带发生滑移，从而引起巨大的水移位，被扰动的水体产生巨浪冲向几百千米之外，造成灾难性的破坏。

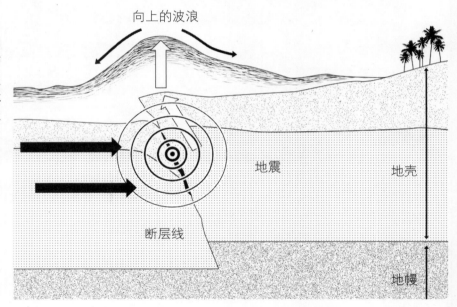

预警信号

海啸可能会随着一个大浪的到来而可见，但是被发现的时候往往已经没有时间逃离。海啸的另一个信号是海水从岸上后退，露出往常在水下的海底，这通常就是大浪的波谷。如果你去一个曾经遭受过海啸的地方旅行，一定要熟悉当地的海啸预警信号，以及官方推荐的逃生路线。你和你的家人务必一起走一趟逃生路线，以熟悉地形。

泰国 2004 年海啸

2004 年 12 月 26 日，一位名叫玛丽亚·贝隆的医生和她的丈夫恩里克·阿尔瓦雷斯，带着他们的三个儿子卢卡斯、托马斯和西蒙，在泰国的寇立过圣诞节。海啸发生时他们正在泳池里和泳池边玩耍。海浪卷走了他们，玛丽亚开始时抓住了一棵树，但听到卢卡斯在呼救，于是她松开手，游向他。这时第二个大浪袭来，拖曳着她，使她胸部和腿部受伤。她和卢卡斯最终跑到了干燥的地面上，用树叶包扎了伤口。然后他们爬到了树上求生，最后被当地人救下来，送到了医院。恩里克和其他两个男孩也被送到了医院，最终得以全家团聚。这一家人逃生的经历令人难以置信，后来被拍成了电影《不可能的逃生》。

位于泰国海滨的海啸警示牌：海啸危险地带，如果发生地震，请迅速跑向高地或内陆

快速撤离

海啸预警发布后不要试图收拾财物，因为你根本没有足够时间。等到当地官方发布海啸解除通知之后你才可以回到地势低的地方。

海啸应对

对海啸预警最迅速的反应应当是去地势高的地方，那里应当超过海浪或洪水水位高度。当你看到或听到任何海啸的征兆，例如看到海水后退或听到海浪咆哮时，请提醒周围所有人，并与当地有关部门联系。

要意识到海啸会带来很多危险，它会毁坏建筑物，冲毁汽车、造成水污染。海啸发生后请远离倒下的电线、松动的砖头和混凝土，避免被建筑物或桥梁上掉落的碎片砸到。

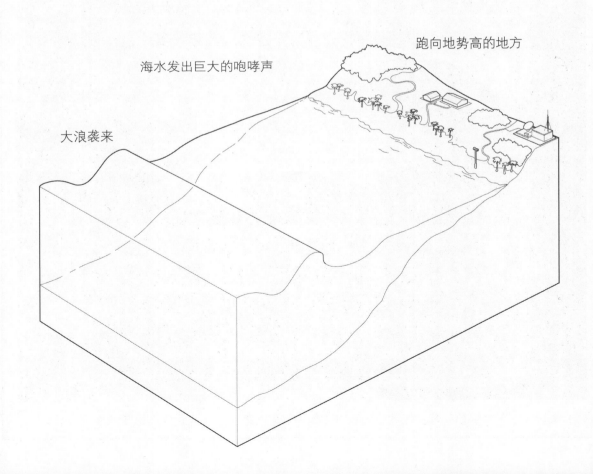

跑向地势高的地方

海水发出巨大的咆哮声

大浪袭来

极具破坏性的海啸

2011 年 3 月 11 日，东日本大地震引发海啸

　　一场 9.0 级的地震引发了海啸，海浪达 39 米，海浪速度达到每小时 800 千米。海啸席卷了日本东部海岸，造成超过 1.9 万人死亡，对港口、经济中心城市、乡镇和村庄造成了巨大破坏。海水涌向内陆达 10 千米之远，并引发了核紧急状态。

2004 年 12 月 26 日，印度尼西亚苏门答腊岛海啸

　　这次海啸始于苏门答腊岛海岸的一次 9.1 级地震，地震断层处的海床提高了 9 米，涌至岸边的海浪高达 30 米，造成约 23 万人死亡或失踪。

1896 年 6 月 15 日，日本三陆海啸

　　日本海岸发生的一次 7.6 级地震引发了海啸，浪高达到 38 米。海水席卷了三陆地区，造成约 2.2 万人死亡。

2004 年 12 月印度洋海啸：印度南部沿海大部分地区（如图所示），泰国和印度尼西亚均遭到巨大的破坏。

1868 年 8 月 13 日，智利海啸

　　一场震级约为 8.5 级的地震发生在秘鲁和智利海岸附近，引发的海啸波浪高达 16 米，造成约 2.5 万人死亡。

1883 年 8 月 27 日，印度尼西亚喀拉喀托海啸

　　由于印尼巽他海峡中的喀拉喀托火山口喷发，引发了海啸和地震，海啸波浪高达 41 米，席卷了爪哇岛及苏门答腊岛沿海，导致近 4 万人丧生。

1755 年 11 月 1 日，葡萄牙里斯本海啸

　　一场 8.5 级地震引发的海啸波浪高达 20 米，席卷了葡萄牙海岸和西班牙南部。地震和海啸造成里斯本约 6 万人丧生，整个城市几乎被毁。

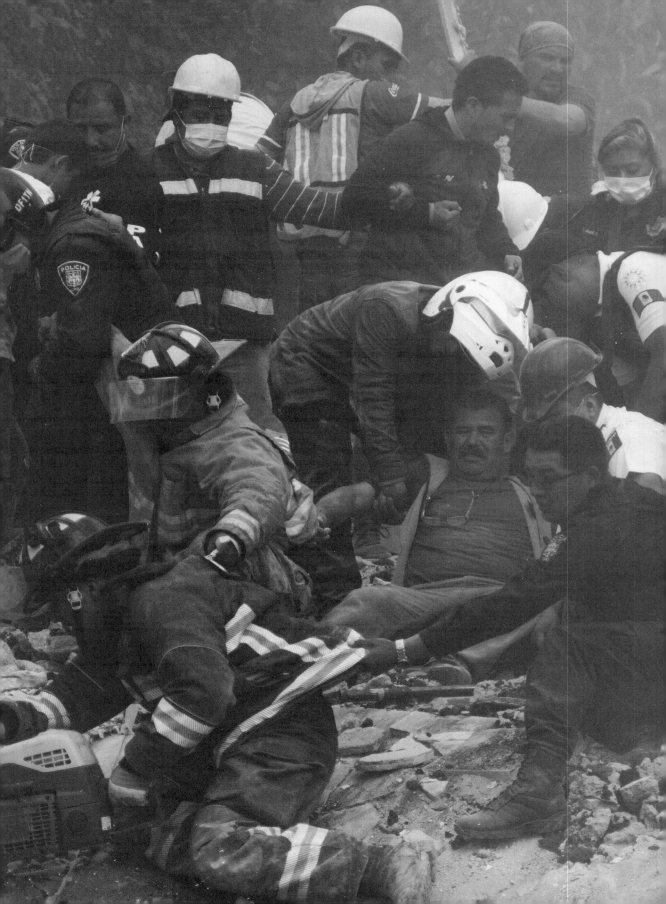

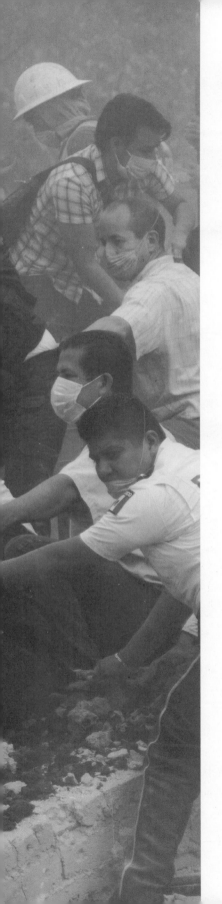

地震和火山喷发

地震通常是由于靠近地质断层线附近的岩体互相挤压而释放出地震波引起的。而火山喷发则是融化了的地底岩浆和地球的热核散发出的气体一起爆发，冲出了地壳而形成的，往往破坏力极大。

2017 年 9 月墨西哥城大地震，第一批响应者在解救被困在废墟中的人。

地震

地球上构造板块的边缘是地震最频繁的地带。全世界地震最有可能发生的地区是太平洋的"火链"，这是一个马蹄形地区，中间有很多太平洋小岛，还包括边缘的日本、菲律宾、南美洲西部和阿拉斯加。

家中的准备

如果你住在地震危险区，那么你需要对家里的布置采取预防措施。例如书架、碗柜或衣柜后面要打上墙钉固定在墙上。

确定家中每个房间的安全区域，例如坚固的饭桌或书桌等，可以在地震时用来避险。手边一定要有一个急救箱。

如果可能的话，你应当在地震之前关上燃气阀门和自来水阀门，避免管道会泄漏。

地震波从震源向外辐射

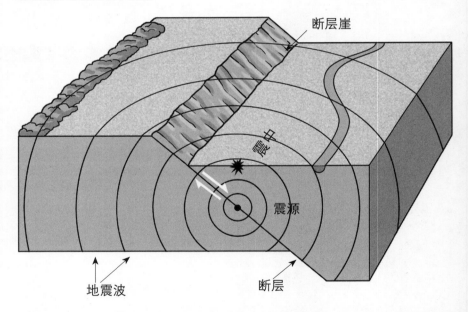

断层崖

震中

震源

地震波

断层

留在原地

如果地震时你在建筑物里面，请不要试着跑出去，因为可能会被掉落的石头、玻璃等砸到。地震时不要去地窖或隧道避险，因为出口可能会被堵住。

如何逃生

在室内

地震产生的摇晃开始后，请立即躲到桌子或其他物体下面并抓紧。待摇晃结束后出来，但小心不要被松动的家具或架子掉落下来时砸到。

地震时要远离窗户，因为玻璃有被震碎的危险。

地震后如果你需要离开建筑物，请走楼梯，而不要用电梯。不过，如果闻到有燃气泄漏的味道，那就尽快离开。

在室外

地震时如果你在室外，请远离建筑物、树、路灯和电线。立即在地面躺倒，躺平，直到地震结束。地震时的伤亡通常发生在人们走动时，因为这时人可能会摔倒，或被掉落的碎屑或物体砸到。

在汽车内

如果地震开始时你在汽车内，请减速，如果可能的话，开到一个开阔地带。远离建筑物和树木。在车内等待，直到晃动结束。远离桥梁和过街天桥。

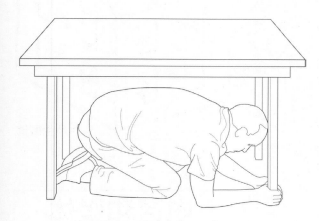

地震示意图

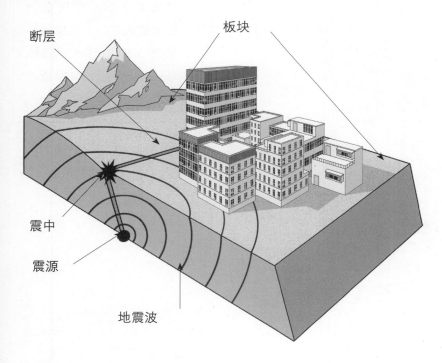

断层

板块

震中

震源

地震波

震后

　　地震时和地震后，要警惕次生灾害，例如，离山近要注意山体滑坡，离海岸近要注意海啸。地震后火灾也很常见。地震引发的余震能持续几个小时、几天、几周甚至几个月。

　　地震后的危险有燃气管道破裂、电线杆倒下，下水道受损等。远离任何在地震中可能受到损坏的建筑物，以防倒塌。受损物体可能就在你家中或附近。烟囱可能会松动，砖瓦可能会从屋顶掉落。仔细检查住宅内外，尤其要注意墙体和天花板上的明显裂缝。打开衣橱和柜橱时要小心，里面的物体很可能已经移位，当心被砸到。

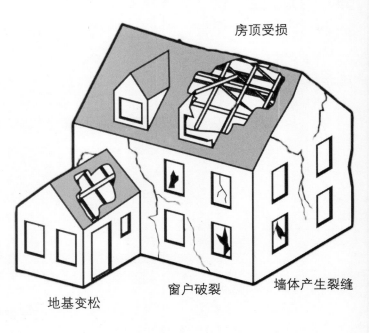

房顶受损

地基变松　　　　窗户破裂　　　　墙体产生裂缝

电话和媒体

- 电话留到发生紧急情况时再打
- 待安全之后，使用电池供电的收音机、电视机、社交媒体和手机提醒信息关注当地新闻报道，应急信息和指令。

真实的故事

　　1980 年 5 月 18 日，美国圣海伦山发生了 5.1 级地震，造成了北侧山体滑坡之后，火山喷发了，火山灰和石块发生爆炸，之后火山碎屑和岩浆喷涌而出。同时，火山顶部喷发出的气体和火山灰发生爆炸，冲入空中达 26 千米高。

　　当时维纳斯·德尔根和罗尔德·雷坦正在距离圣海伦山 48 千米以外的河边野营。他们听到从附近的图特尔镇传来警报声，但是不知道是怎么回事。

　　看到河水朝他们冲来，他们丢下帐篷爬上车。此时他们并不知道大量火山碎屑混杂着冰雪而形成的火山泥流也顺流而下，正在朝他们涌来。

　　汽车启动不了，他们只好爬上车顶。很快泥浆流把车卷走了。德尔根和雷坦也随车被卷入其中。此时河水水量暴涨了 4 倍，他俩被冲下车顶。雷坦使劲抓住德尔根并把她拽到一根木头上。就这样他们漂流了约 1.6 千米，直到一架直升机把他们救起。

华盛顿州圣海伦火山喷发景象：火山烟雾和火山灰从山顶喷发而出。

火山喷发

火山喷发会引发地震、海啸和火山碎屑流。如果岩浆喷发之后沿着火山的一侧流入人口密集地区，将会对生命和财产造成极大危险。

有时火山喷发时会发生爆炸，喷发出的气体和火山灰夹杂碎石冲入几百米的高空。

火山碎屑流的移动速度超过 100 千米每小时。喷发出的气体温度能达到 593℃到 704℃。

火山喷发出的气体云中含有二氧化碳、一氧化碳、硫化氢和二氧化硫。吸入这些气体都有致命危险。

这座房子在西西里岛埃特纳火山喷发中被岩浆淹没。

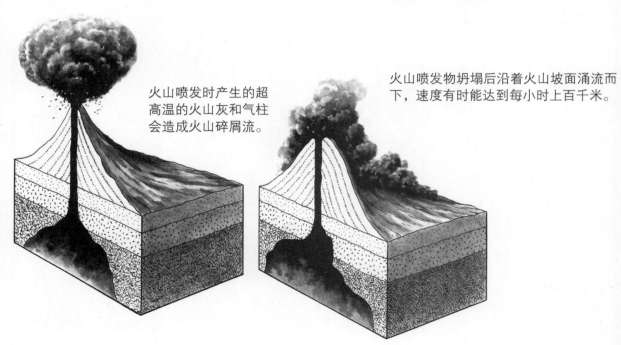

火山喷发时产生的超高温的火山灰和气柱会造成火山碎屑流。

火山喷发物坍塌后沿着火山坡面涌流而下，速度有时能达到每小时上百千米。

防护镜

安全事项

　　每年全世界会发生约 50 次火山喷发。所以有可能你去旅行的地方就会有火山活动。

　　如果你在室内，一定要关窗、堵住烟囱。堵住通风口和其他会进烟的孔洞。

　　火山灰会在空气中弥漫开来，所以一定要准备好护目镜和防护口罩。你还需要有手电筒。如果暴露在火山灰中，手头没有口罩的话，请用一块湿布遮住脸。如果有被空中飞散的火山喷射物如石块或金属砸到的危险，请戴上安全头盔，或在有防护的地方躲避。

　　提前计划你的逃生路线可以使你尽早逃离

危险。把汽车的油箱加满。尽管如此，由于火山灰会破坏汽车发动机，所以还要考虑步行逃离的计划。

　　如果出现危险的岩浆流，就不要在地势低的地方停留而应该去地势高的地方。随身携带收音机，以收听有关火山喷发的报道和指导。

口罩

　　防护口罩可以使你避免吸入火山灰。工业标准口罩贴合紧密，能提供更有效的呼吸防护。外科口罩如果贴合紧密的话同样可以使用。骑行口罩可用于公路行驶。简单的卫生口罩防护作用有限。

工业口罩

外科口罩

骑行口罩

卫生口罩

龙目岛火山喷发和地震

　　林加尼山位于印度尼西亚龙目岛，海拔3726米，是印尼第二高的火山。林加尼山位于火山活动活跃的太平洋火链上，它至少有两个危险。第一个危险是该地区所处的构造板块移动造成的地震危险，该危险一直存在。第二个危险则是地震可能会引发的火山喷发。

　　林加尼山是一座活火山，2016年9月27日喷发过一次，当时没有引发地震。2018年7月当地发生了6.4级地震，引发了山体滑坡，造成当地居民和徒步旅行者约16人丧生，超过330人受伤。

印度尼西亚军人和救援人员在龙目岛疏散伤员。

沿海地区的危险

热岩浆和冷海水混合会形成蒸汽引发爆炸，其威力可将直径 1 米的热石块喷射入内陆或大海。

超高温蒸汽柱

在火山景点游玩时，例如在美国夏威夷州的基拉韦厄活火山，或厄瓜多尔的科多帕希火山游玩，如果忽视了那些看似温和实则潜藏危险的现象，就会造成严重的伤亡。例如貌似平常的蒸汽柱其实是酸性的，而且夹杂着火山玻璃的细小碎片，非常危险。

夏威夷基拉韦厄火山：海浪在火山岛的岸边翻滚，把热岩浆卷入海水。

热岩浆

靠近大海的火山喷发时，岩浆会流入海水，最终会被冷却。然而，流入大海的岩浆会产生一个不稳定的岩浆三角洲，它可能会由于底部礁石受力过大，或水下滑坡而突然崩塌。

流经热岩浆三角洲的海水可能会暂时温度极高。被高温海浪拍到的人可能会被严重烫伤或丧生。流经热岩浆的海水还会形成危险的酸雾，造成皮肤和眼睛的不适。风会把酸雾吹到更大的区域，造成大范围空气污染。

测量等级

里氏震级

里氏震级是 1935 年查尔斯·里克特制定的，由地震仪所记录到的地震波最大振幅演算而来。从此之后，地震测量科学持续发展。现代科技可以测量到早期地震仪无法测量到的地震等级。

强度	分类	影响
1.0–2.9级	微震	当地仪器能测出，但人们不能感觉到
3.0–3.9级	小震	没有造成破坏，但人们能感觉到
4.0–4.9级	轻震	有一些物体损坏，所有人能感觉到
5.0–5.9级	中强	对不牢固的建筑物会产生破坏
6.0–6.9级	强震	对人口密集的地区产生破坏
7.0–7.9级	大地震	对大范围地区产生严重破坏，有人丧生
8.0级及以上	巨大地震	对大范围地区造成严重破坏，很多人丧生

I 级	几乎没有人感觉到
II 级	很少人感觉到
III 级	感觉到震动
IV 级	室内很多人感觉到
V 级	几乎所有人感觉到。树木和旗杆晃动
VI 级	所有人都感觉到。家具移位，轻微破坏
VII 级	对不牢固的建筑造成严重破坏
VIII 级	对特殊设计的建筑造成破坏，其他建筑倒塌
IX 级	对所有建筑造成严重破坏。地表出现裂缝
X 级	许多建筑被摧毁。地表严重破裂
XI 级	所有建筑倒塌，桥梁损坏。地表出现很宽的裂缝
XII 级	完全被摧毁

麦氏震级

麦氏震级又称地震烈度，制定和完善于 19 世纪晚期和 20 世纪早期，它反映的是地震的影响程度和人们能感知到的地震强度。

史上最强地震

下方是按照强度排列的史上最具破坏性的地震。

	强度 （里氏震级）	地点	名称	日期
1	9.5 级	智利比奥比奥	瓦尔迪维亚大地震	1960 年 5 月 22 日
2	9.2 级	南阿拉斯加	1964 年阿拉斯加大地震	1964 年 3 月 27 日
3	9.1 级	北苏门答腊西海岸	苏门答腊 - 安达曼地震，2004 年印度洋地震，苏门答腊地震和海啸	2004 年 12 月 26 日
4	9.1 级	日本，靠近本州岛东海岸	2011 年日本东北大地震	2011 年 3 月 11 日
5	9.0 级	俄罗斯堪察加半岛东海岸附近	堪察加地震	1952 年 11 月 4 日
6	8.8 级	智利比奥比奥沿海	莫莱地震，2010 年智利地震	2010 年 2 月 27 日
7	8.8 级	厄瓜多尔海岸附近	1906 年厄瓜多尔 - 哥伦比亚地震	1906 年 1 月 31 日
8	8.7 级	阿留申群岛的拉特群岛地震	拉特群岛地震	1965 年 2 月 4 日
9	8.6 级	中国西藏东南部	墨脱大地震	1950 年 8 月 15 日
10	8.6 级 +8.2 级	北苏门答腊西海岸	4.11 印度尼西亚北苏门答腊地震	2012 年 4 月 11 日

2004 年 12 月 26 日苏门答腊班达亚齐市：在地震和海啸之后，一名男子骑着大象在废墟中翻检。

火灾

　　森林火灾是灌木、树和其他植被燃烧时发生的火灾。有一部分森林火灾是闪电、火山喷发和干燥的气候引发的自然火灾。但是，人类造成了大多数森林火灾。起因通常是疏忽大意，例如把烟头扔在干草中，或野营的篝火没有适当熄灭所导致。也有很多森林火灾始于电线或其他设备产生的电火花，还有一些森林火灾是纵火所导致。

2009 年（美国）南加利福尼亚州，直升机拍下的照片：火焰和浓烟吞没了海滩附近的森林。

火灾识别

　　火焰在森林里的传播速度可达每小时 10 千米，在草原上可达每小时 22 千米。干燥风大的地区易于发生森林火灾。

　　风和垂直对流的大气会把带火的灰烬吹到远处森林火灾的前线，使火焰能跳过防火区或其他障碍物，如道路和河流。

　　火情瞭望台、地面和空中的巡逻员都能够观测到火情。但是火灾刚开始时很难被监测到，所以来自科技手段的支持越来越重要，如摄像机探测器和人造卫星的使用等。

这张卫星照片拍下了美国爱达荷州森林火灾产生的浓烟。

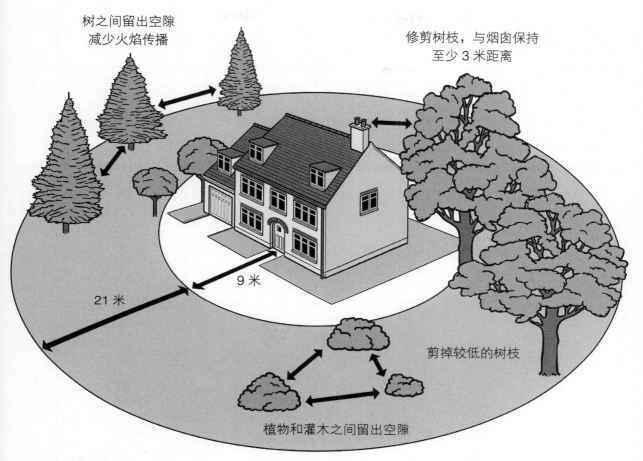

树之间留出空隙
减少火焰传播

修剪树枝，与烟囱保持
至少 3 米距离

21 米

9 米

剪掉较低的树枝

植物和灌木之间留出空隙

安全区

美国每年会发生 1 万起左右的森林火灾，其中 99% 都能被扑灭。失控的森林火灾通常最终会被天气的变化所控制，而非人为扑灭。

如果你住在林区或靠近林区，政府有关部门会建议你在住宅外面建立安全区。例如在加利福尼亚州，为防止火灾蔓延，政府建议在住宅周围清理出 30 米的防护空间。使树枝离烟囱和其他树木至少 3 米。清理住宅附近下水道或其他地方的干树叶。离建筑物 30 米距离之内的草坪必须割草。如果使用丙烷气罐，则离建筑物 7.6 米范围内的植物都必须被清除。

火灾应对

如果周围发生火灾，一定要按照火灾提示采取行动。确保你的车辆有足够的汽油可以驶离火灾区域，记住加油站可能已经关闭或正在排长队。带上应急背包，里面要有足够的水。

如果有家人不在家，要跟他们统一好联系方式和碰头地点。离开之前关闭燃气和其他可燃装置。如果时间允许，要建立防火障碍，但是如果被告知要撤离，则应尽快撤离。

- 修剪树枝，使最低树枝距离地面至少3米。

- 清理院子里的可燃物，如沙发垫、割草机和木柴堆。

- 用水管清洗院子和房顶，以减少它们被风吹来的灰烬点燃的概率。

- 浴缸和水槽里放满冷水。

- 用胶合板遮盖窗户。

- 给通风孔加上盖网，以防灰烬吹进来。

如果困在家中，请打开电灯，使营救人员在浓烟中可以看到。拨打紧急电话119。关闭门窗，但不要上锁。

在通风孔上贴上强力胶，尽可能减少浓烟进入。远离外墙和外窗。把窗帘等可燃物从窗户上取下。

火灾五原则

如果火灾时你可能需要撤离，请准备好带走以下人和物：

1. 你的家人，如果必要，你的宠物。
2. 药品和其他必需品，例如电池、电源线、眼镜和助听器。
3. 重要文件，如护照和其他身份证明。
4. 个人物品，如衣物、水、食物、现金、手机和充电器。
5. 珍贵物品，如珠宝，有特殊意义的照片和其他珍贵物品。

把不能马上带走的重要物品存放在能防火、防水的盒子里，以便日后取用。

长期准备

美国联邦应急管理署（FEMA）的官方建议包括：

- 在社区的预警系统中登记。紧急警报系统（EAS）、美国国家海洋和大气管理局（NOAA）和气象电台（NWR）也提供应急警报。
- 熟悉所在社区的疏散通道，找到几条离开的路线。开车行驶一遍逃生路线。找到避难场所。做好安排宠物和家畜的计划。
- 装好应急物品，包括 N95 带呼吸阀的口罩，这种口罩可以过滤吸入的空气。记住每人的特殊需要，包括药品。不要忘了宠物的必需品。
- 把重要的文件放入防火的保险箱。做好电子版备份，加上密码保护。
- 在建筑、装修和维修时使用防火材料。
- 在室外安装一个进水口，确保水管长度可以到达住宅的任何一处。
- 在住宅周围建一个安全区，里面不要放置任何可燃物。
- 检查保险条款，确保保额足够赔偿你的财产。

家庭逃生计划

和家人一起跑一遍逃生路线，这样就可以知道烟雾警报器响起之后该往哪里去。警报器响起之后所有人必须尽快逃离。

大门钥匙要放在方便拿到的地方，确保在黑暗和烟雾弥漫时能够开门。如果需要的话在楼上的窗户上安装逃生梯。确保开窗户锁的钥匙方便拿到。每一层楼梯的平台、卧室和车库里都要有灭火器。

住宅的每一层都要安装烟雾报警器。烟雾报警器应当尽可能安装在房屋的中心位置，离光源至少 30 厘米。

家庭安全设施

家中应当安装各种安全感应器，如地下室的洪水传感器、上面各层的烟雾传感器和热传感器。

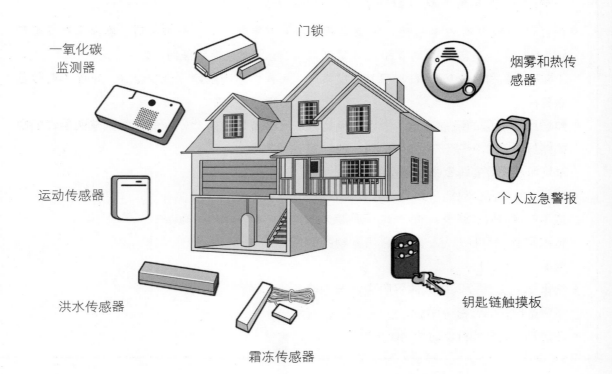

一氧化碳监测器

门锁

烟雾和热传感器

运动传感器

个人应急警报

洪水传感器

钥匙链触摸板

霜冻传感器

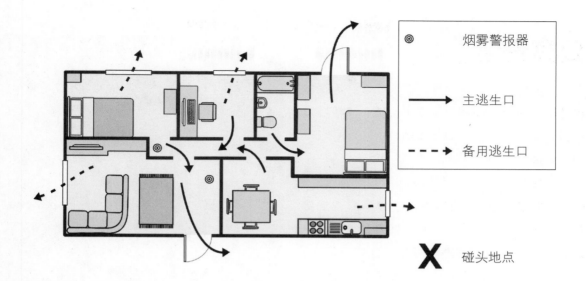

图例：
- ◉ 烟雾警报器
- → 主逃生口
- ⇢ 备用逃生口
- **X** 碰头地点

逃生路线

　　仔细规划计划逃生路线。注意任何潜在危险和黑暗中处理起来很困难的障碍。例如婴儿安全栏杆和安全门，当人们在黑暗中冲下楼时会造成阻碍。如果你需要从第一层的窗户跳出，确保窗下的地面上没有树桩或其他会造成伤害的尖锐物品。

黑色星期六

　　2009 年 2 月 7 日，澳大利亚维多利亚州穆里迪尼郡，一场巨大的森林火灾发生了。火灾始于一场前所未有的热浪，当时气温高达 43℃。这一天，整个维州发生了一系列火灾，引发了澳大利亚历史上最严重的森林大火之一。这场大火被称为黑色星期六森林大火，火灾造成了 173 人丧生，几百人受伤。

　　这一天，珍娜·普里切特和她的伴侣乔希·费尔布里奇，以及两个孩子正在穆里迪尼河边野餐。闻到烟雾后，他们试图驾车离开，但此时一道火墙正在靠近，他们无处可逃。

　　护林员们到达时吓了一跳，没想到在这么危险的地方看到他们。此时火焰和烟雾越来越浓，烟雾中的有毒物质伤害着小孩子脆弱的肺部。护林员们把这家人转移到他们自己的四轮驱动越野车里，并开进了河中。在水中，他们可以远离火焰，相对安全，同时浓烟的影响也降到了最小。

公寓安全

如果你住在公寓，那么你的安全计划跟独栋住宅将有所不同。如果发生火情，请拨打当地紧急电话，给出你的具体地址、门牌号以及到达的最佳路线。

公寓的防火门能够阻隔烟雾和火焰30—60分钟。如果你开门的话，就会暴露在烟雾和火焰中，还会给火焰助燃。如果公寓的另一端着火，有时最好的办法就是待在自己家中。如果直接接触到火焰或烟雾就必须立即撤离。

公寓楼起火冒出的
火焰和浓烟。

跑到外面，待在外面

如果你单独住一套公寓，遇到火灾时最先要做的是拨打当地紧急电话，并迅速跑到户外。如果你靠自己灭火，那么时间越长，消防员就会来得越晚。耽搁期间还会增加火情持续的时间，反而增加危险。

着火后如果需要在屋子里走动，应尽可能放低身体，贴近地面，减少吸入的烟雾。如果碰到紧闭的门，请用手背贴在门上，试试门是否很热。如果门很热，最好不要开门。

停下、倒下、打滚

　　如果你的衣服着火了，不要跑，否则会使火焰更大。此时应倒下，然后打滚。如果有可能的话，用一张厚毯子或地毯（防火毯更好），裹着打滚。

停下

倒下

打滚

厨房过热的危险

　　家庭火灾有 60% 的可能从厨房开始。因为厨房里经常充满蒸汽，有时还会冒烟，所以在厨房里安装一个热报警器比安装烟雾报警器更有效。

　　为了尽量减少危险，不要在食物还在烹煮的时候离开厨房，因为食物会很快过热。保持厨房，尤其是烹饪区的清洁。擦去可能会着火的油脂。确保炉灶及各种电器在烹饪后均已关闭。定期清洁烤面包机，因为面包屑过热后也会着火。

炉灶上的火可以用湿布扑灭。

户外避难

如果你面临紧急危险，请尝试寻找可以避难的水域，例如河流或湖泊。或者尝试在火势无法到达的空地，或没有植被的岩石区域中找到避难所。

如果你找不到可逃的地方，就在地上挖个洞，然后用泥土把自己盖住。呼吸靠近地面的空气以避免吸入烟雾。

火灾过后，谨防任何可能出现热灰烬的地方。树木被严重烧焦后可能仍然是危险的，尤其是树根被烧过之后。

篝火安全

在搭建篝火之前，请消除场地周围 3 米范围内的干草、木头、树叶和树枝。挖一个约 0.3 米深的坑。在坑周围堆放石头。

在坑上搭建篝火，篝火的形状可以是圆锥形，小木屋型，倾斜型或围坐型。

不要让火无人看管或使火势过大。火烧成灰烬之前都要有人看管。

等篝火烧完之后，将足够多的水倒在火上以熄灭余烬。或者，用泥土或沙子覆盖余烬将其扑灭。不要将余烬留在裸露的木头上。在你离开之前，篝火应该是凉的。

麦克默里堡森林大火

2016 年 5 月 1 日，一场最初仅占地 1 公顷的森林火灾迅速失控，威胁到加拿大阿尔伯塔省的麦克默里堡镇。超过 8000 人被疏散。大火摧毁了当地大约十分之一的建筑物。

大规模的疏散不可避免地导致市内和周边的道路严重拥堵。直升机被调用来疏散最需要帮助的公民，警察则护送其余人员疏散。大火还威胁到该地区主要的石油和天然气设施，其中一些不得不被关闭。

从加拿大其他地区派来了消防员，还有一个专业消防团队从南非赶来。在雨天到来之后的 7 月 5 日，大火才被正式宣布已经被控制住。

2016 年 5 月，加拿大阿尔伯塔省麦克默里堡镇，阿尔伯塔第 63 号高速公路上，森林大火在被遗弃的车辆后方熊熊燃烧。

烟雾对健康的危害

森林火灾产生的烟雾包含许多对人体有害的成分，包括一氧化碳、氮氧化物、有机化学物质和颗粒物。这些物质构成了烟雾的灰尘和气溶胶。颗粒物质可能导致或加剧哮喘或支气管炎等疾病。

熟能生巧

针对紧急情况的练习和训练非常有帮助，因为它可以让你在紧急情况下自动地作出反应。如果你练习过逃生路线和方法，那么你就更有可能在紧急情况下迅速到达安全地带。不要为你还能抢救什么而烦恼：因为你根本没有时间。紧急情况下，如果你穿过一扇门，就把它关上，除非有人需要进来。

如果有人待在建筑物里，且消防人员已经到达，这时让专业人员进行救援比你冒着重伤的风险去实施帮助要好。

如果你被困在家中不能出去，那么你应当把留在家里的家人或朋友召集到一个房间里。尽可能密封门缝，以减少进入房间的烟雾量。

用床垫抵在门后，可以有效防止烟雾进入房间。

（美国）怀俄明森林大火

2006 年 7 月 18 日，在怀俄明州肖肖恩国家森林的一场森林火灾中，大火困住了消防员拉坦·约翰逊和他的团队。那天，他们不得不用上全部训练技能。下午时，产生最危险的森林大火的条件出现了：烈日、低相对湿度和大风。

在一条小路上拐了个弯后，队伍遇到了一股浓烟。它正在穿过干枯的树木，并迅速向他们靠近。没有时间逃离了，所以他们依照平时训练的内容打开了铝箔防火篷。他们拉开包装盒的拉链，抖开铝箔防火篷，走进去，把保护罩拉到头顶。然后他们趴在地上，脸贴着地面，因为那里的空气会相对清洁。

大火袭击了他们，火焰在他们周围肆虐了 5 分钟左右，但反光罩将热量从他们身上转移开。过了一会儿，他们爬出来继续灭火。接着又一波火势逼近，他们被迫又躲进防火篷。这次情况更糟，当炽热的余烬落在他的防火篷上时，拉坦不得不扭动身子把它们抖下来。

大约 45 分钟后，消防队员又可以安全走出防火篷了。但一名队员失散了，所以他们都去找她。原来她在一条有很多石块的溪流中使用了防火篷，尽管周围都是火焰，但她也幸存了下来。

大火在茂密的森林和灌木丛中燃烧时，向前蔓延的速度（FROS）非常快。它们在草原上的移动速度可达每小时 22 千米。

风暴

风暴是地球大气层的扰动。风暴有很多种，它们的影响可以是暴雨和大风，给当地带来暂时的不便，也可以是毁灭性的飓风、台风和龙卷风，有些风暴甚至会造成全国性的灾难。无论你面对什么类型的风暴，做好准备工作是安全求生并使破坏降低到最少的关键。所以对公共安全预警做出及时和明智的反应是很重要的。

2008 年，飓风艾克在加勒比海地区造成了严重的破坏，特别是在古巴和美国得克萨斯州的部分地区。

龙卷风

龙卷风是以非常高的速度循环的风柱。它们经常发生在中纬度地区的春季和夏季，在那里，温暖的热带空气和寒冷的极地空气相遇时就有可能产生龙卷风。

尽管龙卷风遍布世界各地，但最猛烈和危险的龙卷风往往发生在美国中部，特别是大平原南部的西部地区。另一个容易发生龙卷风的地区从美国艾奥瓦州延伸到伊利诺伊州和印第安纳州，包括威斯康星州和密歇根州的部分地区，一直到肯塔基州北部。

随着春季让位给夏季，龙卷风的活动倾向于逐渐向西移动，然后向北移动。龙卷风常常与冷暖空气相遇时产生的雷暴有关。由于地表温度升高，最强烈的风暴往往在下午和傍晚出现。

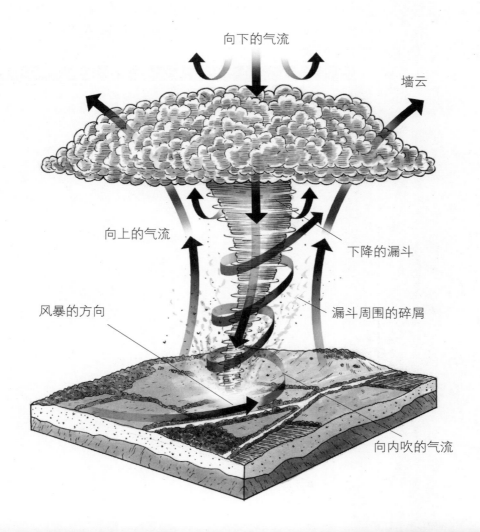

向下的气流

墙云

向上的气流

下降的漏斗

漏斗周围的碎屑

风暴的方向

向内吹的气流

龙卷风的观测和预警

预报员现在可以使用包括雷达和卫星在内的先进设备，识别可能形成龙卷风的气候条件，并在龙卷风形成几小时之前发出警告。在视觉上识别出龙卷风或在气象雷达上发现龙卷风时，将向公众发出龙卷风预警。有了龙卷风预警之后，因风暴而死亡的人数就减少了。

龙卷风的主要危险包括飞行碎片等。在某些情况下，人会被卷起来摔在地上。有时，龙卷风会把人卷起，并从极高处摔向地面。龙卷风对建筑物的影响往往是毁灭性的。空气在建筑物上高速移动会产生向上和向外拉的力。空气一旦通过破裂的门窗进入建筑物，就会产生爆炸力，从而在几秒钟内将建筑物撕裂。

龙卷风幸存者

1998 年 2 月 22 日，佛罗里达州。时年 28 岁的阿什利与父母住在一起。这天，一场意外发生了。佛罗里达州位于号称美国"龙卷风走廊"的得克萨斯州、俄克拉荷马州、堪萨斯州和内布拉斯加州的龙卷风高发区之外。尽管阿什利在学校已经接受过飓风或龙卷风情况下的安全培训，但谁也没想到会在佛罗里达州发生龙卷风。

那天是星期六，大约晚上十一点开始了一场风暴。当时该地区发生了七场龙卷风，其中最危险的那场正朝他们的方向而来。停电时，阿什利和她的家人开始注意到多次闪电。由于没有其他房间可躲，他们聚集在走廊上，并准备好坐着等风暴过去。龙卷风越来越近，随着压力的增加，房子开始摇晃之后被吹得粉碎。当阿什利和她的家人被风吸出他们的房子，毫不客气地扔进附近的一条小河时，他们的大脑一片空白。

阿什利恢复意识的第一件事是她从水中被救出时听到她父亲叫她的名字。到处都是碎片，粉碎的树木和倒下的电线杆。他们随后被安置在一个邻居家，之后航空医疗队也来了。阿什利的腿受了重伤，被送往医院。

阿什利腿上的伤口很复杂，花了很长时间才愈合，留下了一个疤痕。她还患上了创伤后应激障碍（PTSD）、焦虑症和记忆力减退。尽管阿什利的腿上有生理上的疤痕，但创伤后应激障碍这种心理上的疤痕更加持久。她强烈建议为遭受自然灾害创伤的人提供心理咨询。

龙卷风安全措施

地下室或地窖是避难的好地方。如果没有地下室，就找一个最好没有窗户的小房间。要是都没有的话，就躲在坚固的桌子下面，为防飞扬的碎屑和玻璃应用床垫、厚毛毯或大衣裹住自己。

蹲下，用胳膊遮住头部和颈部，远离窗户。如果你住在移动房屋或结构较弱的类似房屋中，最好尝试躲在附近坚固房屋的地下室中。或者，躲进沟渠或其他有保护的地方。

如果龙卷风到来时你在外面，请蹲下或趴下，或躲进沟渠或排水沟中。尝试抓住坚固的物体，例如柱子或树桩，以防被风卷走。如果龙卷风来袭时你正在车里，最好下车并躲进上述地方。龙卷风的风力足以将汽车吹翻，甚至将其抬离地面并摔落到地面。

没有地下室的房屋

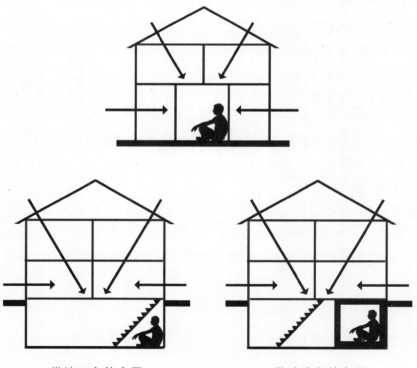

带地下室的房屋　　　　　　　带避难室的房屋

热带气旋、台风和飓风

热带气旋，台风和飓风是类似的风暴。它们在东亚地区通常被称为台风，在南亚中部地区被称为气旋，而在北大西洋和东太平洋地区则被称为飓风。

这些风景起源于温暖的热带海洋，当温暖的空气抬升并开始密集旋转时就会形成。只要在温暖的海水上方，热带气旋就会一直继续旋转。除了产生强降雨外，这种风暴还可能吸起海水，产生风暴潮。浪涌可能会使海平面上升6米之多。海浪到达陆地时可能会造成灾难性影响。

热带气旋和类似的风暴在北半球逆时针旋转，在南半球顺时针旋转。通常，它们的高度最高为10千米，而宽度可达500多千米。它们以每小时24到64千米的速度移动。在平息之前，它们每天最多可以移动600多千米，总计可移动数千千米。

风暴的中心被称为"风暴眼"，这是一个相对平静的区域，风力在这里减弱。风暴眼的边缘被称为眼墙，这是风暴中最猛烈和最危险的部分，风速也最高。

风暴眼周围多层积雨云

飓风之眼

热空气盘旋上升

风暴眼下面的海平面被抬升

与热带气旋相关的危险

风暴潮：水面上升数米，导致严重的洪水和破坏。

高水位：由这样的风暴引起的强风可能上升到约 15 米高，对船只，尤其是小型船只有危险。

强降雨：大量降雨可能导致遭到风暴的地区海水向内陆地区倒灌。

龙卷风：风暴中空气旋转加剧非常危险，会造成严重破坏。

大风：每小时风速可达 240 千米 / 小时，阵风最高时速可达 322 千米 / 小时。

一个龙卷风在俄克拉荷马州上空形成，形成了危险的漏斗状旋转气流。

给露台的推拉门加上楔子加固

游泳池：给过滤泵加盖，关上电源

给浴缸和水槽加满水，以防突然停水

把车辆停在车库门的位置，以保持稳定。

修剪死去或垂死的树枝

在窗户上安装防风盖

把所有宠物带进室内

飓风安全事项

飓风通常是全国性的紧急情况，可能会导致数百人甚至数千人流离失所。如果你生活在飓风危险区域，请收听当地的广播和电视台或警报电台，以获取预警、建议和最新消息。

请牢记疏散程序，同时要记住成千上万的人可能同时在路上。找出附近是否有由红十字会等组织运营的紧急避难所。避难所将提供安全的住所、食物和水、心理健康服务以及其他支持。

确保你的车油箱已经加满，以备随时被命令撤离。将可能被风吹起来的东西拿进室内，例如草坪椅或桌子。万一发生洪水，请将贵重物品或家具移到楼上。依照建议关闭水、电和燃气等。确保所有门窗均已牢固关闭。如果有飓风防风盖，请关好。如果没有防风盖，请使用胶合板覆盖门窗。

尽可能避免与洪水接触，无论是步行还是开车，都应远离海滩和其他沿海地区以及河岸。

美国联邦应急管理署关于应对飓风的建议

- 首先，你应该准备一个应急工具箱，并制定家庭通信联系计划。

- 了解你的周围环境，比如你家的海拔高度或所在地是否容易遭受洪水侵袭。并以此分析，如果预报有潮汐、洪水，或风暴潮，你家将受到怎样的影响。

- 找到你所在地区的堤坝和水坝，并确定它们是否存在危险。

- 了解所在社区的飓风疏散路线，以及如何找到地势更高的地方。确定你要去哪里，以及如何到达那里。

- 制定计划保护你的住宅。给所有窗户加防护罩。永久防风罩可以提供最佳保护。第二种选择是用16毫米厚度的胶合板给窗框加固，把胶合板切割成合适的尺寸，以便随时安装。但只粘胶带不能防止窗户破裂。

- 清理松动的集雨槽以及堵塞的排水口。

- 加固车库门；如果风吹进车库，会对房屋结构造成严重的损坏，损坏的修理费非常昂贵。

- 制定计划把所有户外家具、装饰品、垃圾桶以及其他没有捆绑固定的物品拿进室内。

- 如果你有一艘船，请计划好该怎样、该在哪里把它安全地停泊。

- 安装一个紧急情况下使用的发电机。

- 如果在高层建筑中，请准备在十楼或十楼以下躲避。

- 修剪房屋周围的乔木和灌木使它们更抗风。

- 用带子或夹子将屋顶牢固地绑在房屋主体上。这将减少屋顶损坏。

- 考虑建一间安全屋。

可在紧急情况下使用的发电机

生存必需品：确保你有足够的水、食物、医疗用品、工具、地图和药品，以使你在断水断电的情况下还能维持一段时间。

飓风倒计时

36 小时预警：收听电视或广播上关于天气的最新报道。如有必要，请补充应急物品箱，确保有至少足够三天使用的食物和水。检查与家人和朋友使用的通信方式是否有效，确保家庭成员了解疏散计划，确保每个家庭成员都可以在接到通知后的很短时间内拿到必须的物品。确保你的汽车加满油，随时可以离开，检查车上的应急工具箱是否完整。

18 到 36 小时预警：请做好房屋内外的所有准备工作，例如修剪松散的树枝、收起或绑紧松动的园艺用品。关闭窗户上的防风保护罩，或使用合适的胶合板加固窗户。

6 到 18 小时预警：请收听紧急广播，为手机和其他电子设备充电。

6 小时预警：确定有关部门是否发出疏散指令。加固防风罩，并远离窗户。将冰箱和冰柜调到最冷的位置，这样的话，即使断电，食物保持低温的时间也会长一些。

卡特里娜飓风

卡特里娜飓风始于巴哈马群岛上空的强烈热带气旋，2005 年 8 月袭击了美国东南海岸。卡特里娜飓风被证明是有史以来袭击美国大陆的第三强飓风和美国历史上损失最惨重的自然灾害。

当卡特里娜飓风靠近佛罗里达州迈阿密市时被评为 1 级飓风。但是，当它进入墨西哥湾，遇到温暖的海水后，升级为 3 级飓风，风速为每小时 185 千米。然后，它向北移向路易斯安那州和密西西比湾，于 8 月 28 日升级为 5 级飓风。风速高达每小时 257 千米，随之而来的还有高达 8 米的风暴潮，冲毁了海岸边的房屋和其他建筑物。尽管新奥尔良市与飓风中心擦肩而过，但仍遭受了严重的次生灾害。飓风带来的暴雨和涌入海岸的风暴潮形成严重洪水，冲垮了防护堤，导致全市 80% 的地区被淹没。

8 月 28 日，新奥尔良市市长下令撤离，虽然有 120 万人撤离，但仍然有数千人滞留。

有很多人被营救出来，但洪水使救援压力越来越大。9 月 2 日，美国国民警卫队才被派往灾区营救幸存者，并分发食物和水。

卡特里娜飓风共造成 1800 多人死亡，经济损失超过 1600 亿美元。

2005 年卡特里娜飓风造成破坏之后，当地政府在密西西比州沿海地区进行搜救工作。

美国联邦
应急管理署
飓风生存指南

- 如果被告知要撤离，请立即撤离。不要开车在路障周围逗留。

- 如果在风大时寻找避难所，请前往联邦应急管理署的安全屋或 ICC500 风暴避难所。或去不带窗，不会进水的室内小屋子或最低楼层的过道避难。

- 如果被洪水困在建筑物里，请去最高层避难。不要爬入封闭的阁楼，因为在那里可能会被上涨的洪水困住。

- 收听最新紧急情况信息和指令。

- 发电机和其他任何汽油动力的机器只能在室外使用，并且要远离窗户。

- 请勿在洪水中行走，游泳或开车。遇到洪水请回转。不要被淹！快速流动的水只需 15 厘米深就可以把你撞倒，只需 30 厘米深就可以把你的车辆冲走。

- 远离下方水流湍急的桥梁。

地下掩体

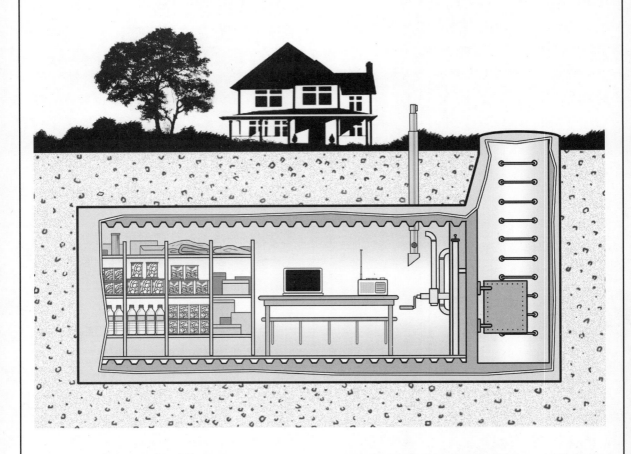

　　美国的一些独栋住宅常常会修建地下掩体，这是面对灾难的终极生存空间。这种地下掩体一般会存储足够数月使用的生存物资，并且通常经过加固，甚至可以抵御核爆炸。面对飓风、龙卷风、地震、恐怖袭击、战争或放射性尘埃等灾难的侵袭，地下掩体是最安全、最佳的选择，它掩埋在房屋地下，具有诸如潜望镜式的观察功能，装有防爆外门，还有用于储存食物和生存设备的大量存储空间。

　　理想情况下，掩体的墙壁材料应为钢筋混凝土或防爆砖，并有塑料防潮层以防潮。整个掩体至少需要覆盖 1.2 米的土壤，用以防风、防爆、防辐射。同时应确保具有良好的通风系统，可以制作手动排风系统来抽入外界的空气，但需设置单向阀，且确保单向阀可以在面对爆炸冲击波、飓风或龙卷风时自动关闭，在需要将空气抽入地下掩体时能安全打开。此外，还要确保掩体内有适当的卫生条件和自来水。

冬季风暴

冬天的暴风雪在全世界很多地方都很普遍。暴风雪的风速可达每小时 56 千米甚至更高，并伴有大量降雪，持续三个小时或更长时间。

一些最严重的暴风雪发生在美国的雪带中，该雪带横跨北美五大湖区域，从明尼苏达州一直延伸到缅因州。受影响的主要城市包括纽约、底特律和密尔沃基。美国的暴风雪比欧洲的暴风雪更为严重。在亚洲，日本北海道及日本海沿岸的暴风雪也很有名，中国的暴风雪主要出现在东北东部长白山区及新疆北部和沿天山地带。

暴风雪造成的危险之一是风寒效应，在冷空气和大风的综合作用下，美国中西部的气温可降低到 - 51℃，人在这样的环境中会导致冻伤或因体温过低而死亡。

强风和大雪会导致断电和管道冻结，这意味着你可能没有电力或燃气来给房屋取暖。

在暴风雪天气中驾驶汽车很危险，道路结冰、低能见度和因低温引发的机械故障都有可能导致严重后果。

为严冬做准备

　　检查门窗是否装有防风雨装置，例如防风罩等。考虑安装额外的百叶窗或在窗户上放置塑料覆盖物以提供额外的隔热效果。评估你的加热设备和燃料供应情况，无论它是燃气、电力、煤炭还是木材。如果你有壁炉或火炉，请准备好备用的木材或煤炭。请勿使你的房屋过热，并记得隔开未使用加热设备的房间。

　　在寒冷的条件下，穿上多层温暖、宽松的衣服，但注意不要过热。喝热饮，例如温热的汤，也可以喝果汁和水。不要喝太多含咖啡因的饮料，因为咖啡因会加速体温过低并引起脱水。避免饮酒，酒精会破坏人体的热量调节系统。喝一口威士忌或白兰地可能会让你感到温暖，但是酒精会刺激皮肤表面的血管，使你损失更多的热量。

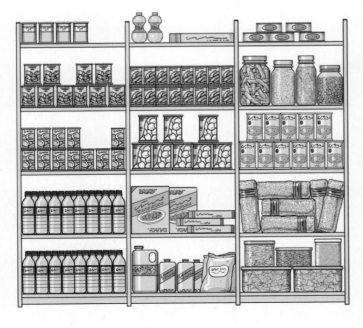

食物储备

　　暴风雪多发地区，在暴风雪来临前应确保你已经储备了足够的水、干制食品或罐头食品，能够使你和你的家人维持至少一周。

美国联邦应急管理署关于应对冬季风暴的建议

- 了解你所在地区冬季暴风雪的风险。冬季的极端天气有可能导致长时间无法使用水、电、燃气等设施。

- 给房屋做好保温隔热，堵塞缝隙，安装挡风密封条。了解如何防止自来水等管道冻结。安装并测试用电池供电的烟雾警报器和一氧化碳探测器。

- 请关注天气预报，特别是与道路结冰和暴风雪有关的预警。美国紧急警报系统（EAS）和国家海洋与大气管理局（NOAA）的天气广播（NWR）会提供相关紧急情况警报。（在中国，中央气象台及各地气象部门也会提供暴雪、大风、寒潮、道路结冰等预警信息。）

- 提前准备好备用物资，极端天气下，有时候你需要在停电的情况下待在家中好几天。准备时记住每个人的特定需求，包括药品。不要忘记宠物的需求。准备好用于收音机和手电筒的备用电池。

- 为你的汽车准备一个应急箱。应急箱里应该装有应急启动电源、沙子、手电筒、厚衣服、毯子、瓶装水和不易腐烂的零食。油箱要加满油。

- 了解冻伤和体温过低的体征和基本处理方法。

- 在寒冷的条件下，心脏必须更加努力地工作，因此在户外工作时请注意不要使自己太劳累。避免吸入冷空气，不要深呼吸，因为冷空气会对你的肺部造成损伤。

极寒时如果你在户外

　　穿上合适的多层衣服。戴上连指手套和帽子，因为如果身体的其余部分被遮盖，身体会通过头部散失过多的热量。保持干燥，避免雪或雨夹雪带来的潮湿，同时也应避免出汗。如果要在雪地里工作，例如清理道路和车道时，请勿穿太多衣服。穿防水鞋或靴子，在深雪或冰上行走时，可以考虑给鞋子加上带钉的鞋底冰爪。

在暴风雪中行驶

在暴风雪条件下的驾驶方式取决于车辆的类型和轮胎是否安装防滑链等配件。另外，要确保车上有应急物资和厚毯子，以防车子在路上抛锚。

车辆困在雪中

除非能在 100 米范围内看到救援信号，否则请不要离开车辆。在暴风雪条件下，如果离汽车太远，可能会迷路。将明亮的东西绑在汽车天线上，或将其放在车顶上。

不要一直开着发动机，否则将耗尽燃料。每小时开发动机 10 分钟，打开汽车暖气。稍微打开一个车窗使空气流通。发动机运转时打开车内照明。发动机关闭时，请勿让车辆照明灯一直亮着，因为这将消耗汽车蓄电池电量。

如果汽车中不止一个人，请互相靠近以保暖。睡觉时，间隔一段时间叫醒彼此，以便每个人都可以使自己的体温升高并促进血液循环。确保每个人定期进食和喝水以保持能量。

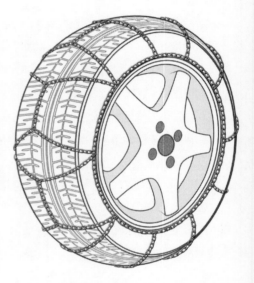

轮胎防滑链

如果你打算在下雪天驾驶，请将轮胎防滑链安装到车轮上。在紧急情况发生之前，应提前学习如何安装防滑链，因为即使在好天气情况下，该过程也很棘手。装好链条后，行驶一小段距离，然后停下来检查链条是否松了。如果松了，请立即拧紧。

冬季暴风雪之前的车辆准备

在冬季到来之前，你最好对汽车做一次保养维修，检查发动机中是否已经加入适量的防冻液，同时要加注防冻的挡风玻璃清洗液，一直添加到加注线上。

车上应备好除霜设备，例如刮刀和除霜喷雾。如果你所在地区的雪季很长，可以考虑购买冬季轮胎。如有必要，可提前将防滑链安装到标准轮胎上。准备好牵引垫，以备车陷在雪中时使用。另外，最好配备车用应急箱。

车用应急箱

- 手电筒和备用电池
- 轮胎链条和牵引垫
- 铲子
- 沙子
- 跨接电缆
- 开罐器
- 水果和坚果

- 饮用水
- 睡袋
- 毯子
- 火柴
- 工具箱
- 雨具
- 咖啡罐和蜡烛

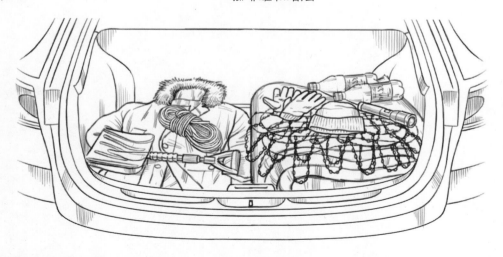

雷暴

雷暴是一种产生闪电及雷声的自然天气现象。它通常伴随着滂沱大雨或冰雹，一般发生于春季和夏季，尤其是夏季午后较为常见，但也可能在冬季随暴风雪发生，被称为雷雪。雷暴中的雷击危及人身安全，影响甚至会损坏电器、计算机设备，有时还会引起火灾。

雷电一般产生于积雨云中，积雨云在形成过程中，某些云团带正电荷，某些云团带负电荷。它们对大地的静电感应，使地面或建筑物表面产生异性电荷，当电荷积聚到一定程度时，不同电荷云团之间，或云与大地之间的电场强度可以击穿空气，我们称之为"先导放电"。云对地的先导放电是云向地面跳跃式逐渐发展的，当到达地面时，便会产生由地面向云团的逆导主放电。在主放电阶段里，由于异性电荷的剧烈中和，会出现很大的雷电流，并随之发生强烈的闪电和巨响，这就形成雷电。

大部分闪电发生在下午的陆地上，这时太阳已经把地球照暖。在北半球，大部分闪电发生在5月至9月之间，而在南半球，则在11月至3月之间。

闪电击中了美国内华达州拉斯维加斯附近的一个露营地

地磁暴

　　地磁暴又称磁暴，是太阳风与地球磁场交互作用所引起的地球磁场扰动。一般认为，比较严重的地磁暴，主要还是大规模的日冕物质抛射所引起的，抛射时，会从太阳表面释放出大量质子和电子组成的等离子体，这些等离子体的传播速度高达每秒近2000千米，可在24至72小时内到达地球磁场。出现在地球两极的极光，就是磁暴的一种反应。强磁暴期间，地球两极的极光会特别绚丽，但同时也会影响导航系统和无线电通信，严重时可能使短波通信完全中断。另外，强磁暴还能使高压电线产生瞬间超高压，造成电力中断。

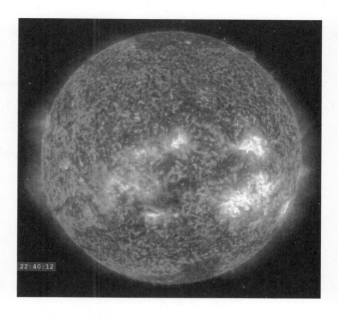

2003 年，一场大的太阳爆发正在进行中。

云的识别

如果你学会了正确地识别云的种类，你就可以采取规避措施来躲避下雨和雷电。通常，如果云层变低并且变暗，则预示着恶劣天气的到来。

恶劣天气的云

卷层云：这些是高透明的云层，有时会在太阳周围形成光晕效果。它们没有携带雨水，但预示着天气即将变糟。

雨层云：这些云层很厚，可能带来持久的雨雪。

层云：这些白色或灰色的云层通常处于较低的位置，可能会产生毛毛雨或积雪。

积雨云：这些高大的云朵经常形成铁砧状的头。它明确预告暴雨或雷雨等极端天气即将到来。

多变的云

层积云：这些云层悬挂在较低的水平位置，有时彼此之间有缝隙。尽管它们不产生雨，但它们可以指示天气的变化。

高层云：这些是高云，看起来像白色的床单。它们通常表示马上要变天了。

积云：这些蓬松的云彩可能是好消息，也可能是坏消息，这取决于它们之间的间距。分开时它们像蓬松的棉球，往往表明天气晴朗。但是如果聚在一起，它们就会带来阵雨或大雪。

晴天的云

通常，高云意味着天气晴朗。

卷云：这些长长的云层通常被称为马尾巴，一般预示天气晴朗。

卷积云：这些云块外观不规则，通常表示天气晴朗。

高积云：这些蓬松的云层在空中高高地悬挂着，通常意味着好天气。

云的种类

　　云是由大量的冷凝水蒸气聚集所形成的，我们可以根据高度和形状将它们进行分类。晴天的云往往更高而且呈白色，而低低的乌云聚集在一起，则表示风暴即将来临。许多会产生雨的积雨云高度能够到达对流层的顶部。

A.	卷云	F.	层积云	K.	积雨云
B.	卷积云	G.	雨层云	L.	雨、冰雹和狂风
C.	卷层云	H.	积云		
D.	高积云	I.	层云		
E.	高层云	J.	砧状云		

热浪和干旱

　　热浪是长时间高于平均水平的气温。如果高湿度伴随着热浪，则可能产生对人危险的状况，例如热痉挛、热衰竭和中暑。当高压持续存在于特定区域时，会发生热浪。在热浪中，城市地区的风险可能更高，因为混凝土和沥青通常在白天存储热量，而在晚上释放热量，从而导致更高的夜间温度。

由于长时间的干旱，位于澳大利亚的
这片农田已经成为龟裂的荒漠。

干旱

干旱是由于长期缺乏降雨导致的，干旱造成缺水、水库供水不足、地下水减少和土壤干燥等问题。你可以采用多种策略来应对干旱。

世界上某些地区遭受永久性干旱，所有植被都必须通过灌溉系统来浇水。偶尔的阵雨仅能提供临时性缓解，并不能解决根本问题。

干旱可能是由大气环流模式的变化引起的，这使得某些地区不能产生足够的降雨从而导致干旱。此外，海洋变暖或变凉等因素，也可能导致干旱。

永久干旱地区的植物会适应干旱。仙人掌的尖刺状叶子能最大限度地减少水分的蒸发，这是它有效的储水方式。

再比如，丝兰这种植物就具有复杂而庞大的根系，以寻找任何可用的水分。

如果在定期降雨的地区突发干旱，植物将无法适应，并最终死去。

干旱的其他副作用还包括水土流失和森林火灾，这是极度干旱的天气条件和例如闪电这样的大气条件造成的。此外，极端高温还会损坏路面和铁轨。

为干旱做准备

在灾难情况下，供水至关重要。停水后，在马桶水箱和储水水箱中还可以找到一些紧急用水（只要不添加任何化学药品即可使用）。在出现灾难危险的第一个迹象时，你应注满浴缸和水槽。

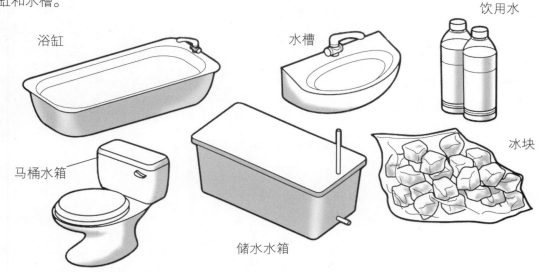

浴缸　　水槽　　饮用水

马桶水箱

储水水箱

冰块

储存水

请密切注意天气预报，如果会有较长时间的异常炎热和干燥的天气，请尝试储存尽可能多的水。你可以安装雨水桶，来收集你家排水管流下来的雨水。

在一次 30mm 强度的降雨过程中，一个普通住宅的屋顶可能会流下约 2 吨的雨水。

节水

户外

　　在户外用水时要节约用水。推迟洗车，要洗也只洗必要的部分，例如挡风玻璃和车窗。用喷壶给植物浇水，最好是从雨水桶取水，而不要用自来水。不要给草坪浇水。过了干旱期草会很好地恢复。在花坛里使用护根物覆盖以保持水分并阻止杂草的生长。

室内

　　在室内，你可以将水存储在冰箱中供饮用，而不必每次喝水时都打开水龙头。洗碗时不要把水龙头开着。用碗装水清洗蔬菜，而不要在水龙头下清洗。用洗菜剩下的水给植物浇水。

　　将洗衣机和洗碗机置于经济模式。如果你有除湿机，就用它吸收的水为植物浇水。修理所有滴漏的水龙头，更换可能已经磨损的内部垫圈。将一罐水或一瓶水放在马桶水箱中以减少用于冲洗的水量。快速地淋浴，而不是用浴缸来泡澡。

美国联邦应急管理署对热浪中生存的建议

- 天热时，切勿将人或动物独自留在车内。

- 找个有空调的地方乘凉，例如图书馆、购物中心和社区中心都很凉爽。

- 如果在外面活动，请去有树荫的地方。戴上帽子，帽子要够大，足以保护脸部。

- 穿宽松、轻便和浅色的衣服。

- 多喝水以保持水分。如果你或你所照顾的人需要特殊的饮食，请咨询医生，了解在高温时应该如何最好地调整饮食。

- 当室外温度超过 35℃时，请勿使用电风扇，因为这可能会增加相关疾病的风险。风扇会使空气流动，让人产

生虚假的舒适感，但不会降低体温。

- 避免需要消耗高能量的活动。检查家人、邻居和你自己是否有与热相关的疾病征兆。

* 吹电风扇时，汗水被蒸发，血液就不能被调节降温；大脑中血液温度升高会非常危险，并可能导致严重的健康问题。

警告

热浪中，切勿将儿童或宠物独自留在车内。定时饮水，不要等到口渴了再喝。穿宽松、轻便的衣服。

2014 年危地马拉的萨卡帕，美国军医在救助一名因中暑而昏迷的妇女。

热衰竭

在阳光下经过一段时间的辛苦工作后，血液流向皮肤的流量增加会导致热衰竭。热衰竭会减少重要器官可用的血液量，可能会导致某种形式的休克。如果患者继续处在高温环境，则有可能会中暑。热衰竭可能是由于长时间暴露在高温环境或长时间暴露在直射阳光下所引起的。

症状：可能出现皮肤苍白，发灰甚至潮红，皮肤可能又凉又湿黏。其他症状包括头晕、虚弱、疲惫和头痛。

处理办法：将患者移至阴凉、通风的地方。如果有风扇的话，使用风扇。脱下衣服，并用湿的凉布给身体降温。如果患者还能喝水，可以给他 / 她喝运动饮料或果汁以恢复电解质平衡。此外还要给他喝白水，一定要定期少量地喝。

中暑

　　中暑又称射热病：这时人体温度控制系统停止工作。体温要是持续升高，可能导致脑损伤和死亡。中暑比热衰竭更危险，并且可能危及生命。

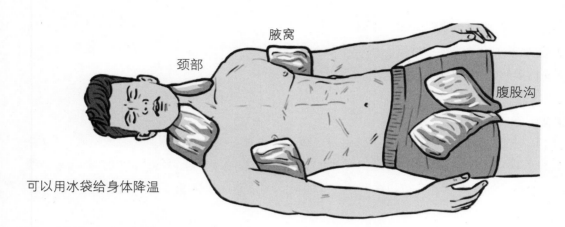

颈部　　腋窝　　腹股沟

可以用冰袋给身体降温

　　症状：包括皮肤发红（或干燥或湿粘），非常高的体温，快速或微弱的脉搏，快速或浅促的呼吸，呕吐和意识模糊。

　　处理办法：立即拨打紧急救援电话求助。将患者身体浸入冷水中，注意不要离开患者，因为他（她）可能会失去知觉。也可用冷水喷洒患者，或用浸在冰水中的毛巾擦拭患者的身体，在其关节周围放置冰袋。这些快速冷却的办法应持续至少 20 分钟。

将前臂浸入冷水中具有通过冷却血液循环来冷却整个身体的作用。

美国联邦应急管理署
对热相关疾病的处理建议

了解与热相关的疾病症状以及处理方法。

热痉挛

- 症状：肌肉疼痛，或者胃部、手臂或腿部痉挛。
- 处理办法：转到凉爽的地方。脱掉多余的衣服。喝些含盐和糖的、凉爽的运动饮料。如果抽筋持续超过一个小时，请寻求医疗帮助。

热衰竭

- 症状：大量出汗、面色苍白、肌肉痉挛、疲倦、虚弱、头晕、头痛、恶心或呕吐、晕厥。
- 处理办法：去有空调的地方，躺下，松开或脱下衣服。泡个凉爽的澡。小口喝含盐和糖的运动饮料。如果症状恶化或持续超过一个小时，请寻求医疗帮助。

中暑

- 症状：体温过高，口腔温度超过 39℃，皮肤发红、发热且干燥、无汗，快速、强劲的脉搏，头晕，意识模糊甚至无意识。
- 处理办法：打急救电话，或立即去医院。在获得医疗帮助之前，可以使用手边的任何方法促使身体降温。

寻找水源

　　当你身处远离水源的偏远地区时，在饮用水供应不足的情况下，应尽快寻找替代水源。在饮用野外水源时，应将水进行净化，一般来说，将水煮沸是净化水的关键。

　　你可以购买利用阳光来净化水的吸管式过滤器，或用消毒药片来获得替代水源。你还可以学习如何制作太阳能蒸馏器。

沙漠

　　在沙漠地区，你可能会找到挖好的水井。如果没有的话，去找那些过去似乎有水流过的地方，然后进行探测，尤其要注意溪流汇聚的弯道区域。从那里一直往下挖，直到发现潮湿的沙子或泥土。卡拉哈里沙漠的布须曼人会插入一个由带软核的灌木茎制成的管子。他们将沙子堆在管子周围，然后用管子吸取来自地下的水分。另一种方法是将湿泥或沙子放在一块布上，然后将布拧干，把拧出的水滴到容器中，饮用之前先让沉淀物沉淀下来。

多岩石的地区

即使在干旱地区，水也可能积聚在多岩石的地方，例如悬崖或岩石露出地面的部分。洞穴也可以是很好的水源。不要深入山洞，以防迷路。如果看不清露出的岩石，请用木棍探测，以防遇到危险的昆虫或爬行动物。如果你觉得水看起来很脏很难喝，请试着找到水源，那里的水会比较清澈。

储水型植物

有很多种植物能够储水，特别是在炎热和干旱的环境中。例如，如果切开桶状仙人掌，你可以通过把果肉捣碎来获取水。请注意，某些仙人掌是有毒的，尤其是在美国亚利桑那沙漠中的多臂仙人掌。大多数仙人掌都有突出的尖刺和较小的毛刺，它们会刺入皮肤并引起红肿疼痛。

生长在非洲的马达加斯加和澳大利亚部分地区的猴面包树被誉为沙漠中的"天然水库"。你只需用刀切入树干，就可以获得里面的水了。另外，刺梨的汁液可以从果实或小叶中挤出，可代替水解渴，刺梨生长在美国、墨西哥和南美的一些国家。生长在亚洲的干旱地区的灌木梭梭，其树皮能够存水。剥去树皮，然后挤压，即可出水。

干旱地区的一些植物的根部能够保持水分。可以切开根部，尝试通过打浆或吸吮的方法获得水分。从植物中提取水时，请注意任何带有乳汁状树液的植物，它们很可能是有毒的，应该避免食用。

你还可以从某些爬藤植物中获取水，但要避免饮用乳状汁液。从安全的藤蔓中提取水时，首先要举起胳膊，在高处的茎上切一个缺口，这将防止植物将水吸回。然后切开底部的藤蔓，让茎中渗出的水滴到容器中。

雨水和露水

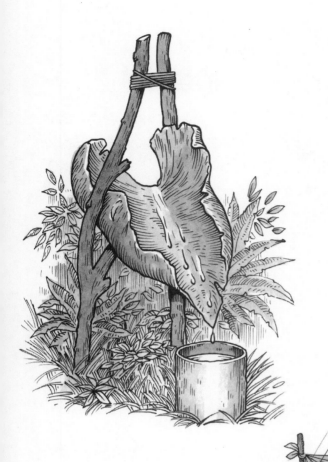

　　雨水是饮用水的极佳来源，你应该提前计划以确保可以在需要时接住雨水。密切注意云层的动向，并识别那些预计会下雨的云。

　　防水布和塑料布有助于接住雨水。如果没有此类物品，你可以使用大片的叶子将水引导到容器中。棉花会吸收水分，因此，如果棉质衣物或类似材料很干净，可以先将它们铺开放好，待吸水之后再将水拧入容器中。

利用动物找水

　　动物也需要水，如果仔细观察，它们可能会带你找到水源。在黎明和黄昏时，食草动物往往会朝水奔去。如果在有食肉动物捕食的地区，你就需要小心了，附近可能会有危险的捕食者，水里也可能有鳄鱼这样凶猛的食肉动物。

冷凝水

收集冷凝水是另一种收集水的方式。将塑料袋绑在叶子较多的树枝上或整株的多叶植物周围。当水从树叶上蒸发时，就会在袋子中形成冷凝水。

减少流汗

汗流得越多，身体流失的水分就越多，之后就必须补水才能避免脱水。所以在水供应不足时，应尽量减少在高温下的活动，尽量避免暴露在阳光下，以减少流汗。

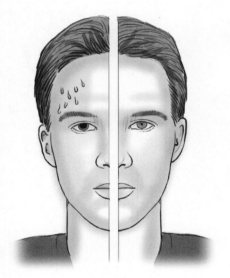

流汗测试

健康的人比不健康的人更容易出汗，因为身体会在定期锻炼之后形成更多的汗腺来有效地控制体温。

太阳能蒸馏器

- 在一个没有遮挡的地方挖一个直径大约 1 米、深 0.6 米的坑。将一个容器（如塑料杯）放入底部。
- 将塑料布盖在坑上，并固定其边缘。确保塑料布未触及底部。塑料布中部应下垂，但要跟容器保持一定距离。
- 将一个拳头大小的石块放在塑料布中央、容器的正上方。
- 一段时间后，水就会凝结在塑料布的下面，并滴入容器中。在 24 小时内，容器中应该有大约 500 毫升水。

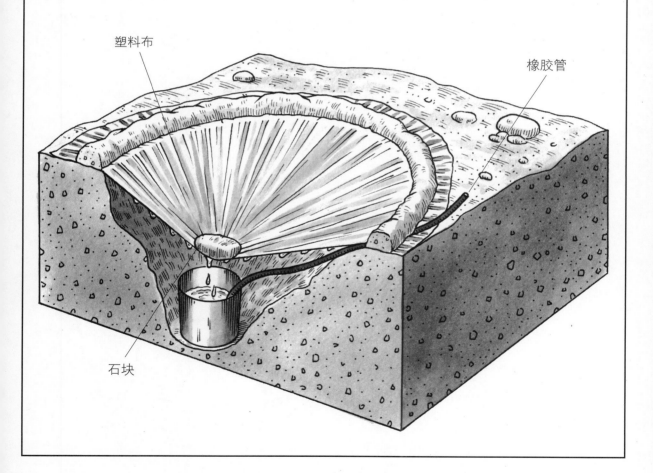

塑料布

橡胶管

石块

脱水的体征

1%—5%的体液流失：

皮肤潮红、食欲不振、急躁、头晕

6%—10%的体液流失：

头晕、头痛、行走困难、呼吸困难

11%—20%的体液流失：

神志不清、视力模糊、吞咽困难、耳聋、麻木。通过出汗流失的水分与体重成正比，水分流失过多，体重也会随之迅速下降。

在大约10℃的温度下，体重约80千克的人跑步或行走1.5千米，就需要喝约150毫升的水。在温度为38℃的沙漠中行走，汗水流失速度大约是每小时1升。口渴不是判断你是否缺水的精确方法。脑部有模糊的感觉或尿液暗淡时，就在明确提示你已经缺水。

沙漠生存

沙漠的降雨非常少，因此动植物也很少。如果你被困在沙漠中，那么最重要的事情就是寻找水源，建造避难所，避开阳光，节约能源，寻找食物并寻求援助。

尽管大多数沙漠每年都有 15 至 20 天的降雨，但有些沙漠却多年没有降雨，因此在沙漠环境中生存需要大量技能。穿宽松的衣服很重要，这样可以使凉爽的空气在身体附近流动。同时，穿着尽可能覆盖皮肤，以减少晒伤的风险。

沙漠中可能的热源

太阳光直射

热风

反射热

头部保护装置

在沙漠中，保护头部和颈部很重要。戴宽檐帽可有效遮挡阳光。阿拉伯风格的头巾也可以为头部、面部、眼睛和颈部提供出色的全方位保护。当阿拉伯头巾的末端遮住脸的下方时，也有助于保护眼睛免受沙漠地面反射的眩光的伤害。

避难所

　　搭建避难所的最佳时间是趁夜晚凉快的时候。白天可用防水布做一个临时的庇护棚凑合一下。

简易的防水布避难所

　　找两根直杆，或剪下两个树枝。将它们插入地面，间隔约 2.4 米左右。必要时用石头固定，或将支撑绳子穿到地上的短桩上。在两个杆之间拉开绳子或绳索，并系好固定。将防水布或其他保护套固定在绳子上，并用短桩将其固定在地面上。

不对称的防水布避难所

　　将两个杆子绑在一起，制成一个 A 形框架。将一根杆子置于 A 形框架的顶部，使其滑到地面，并留出足够的空间供你躺在其下。在斜杆上盖上防水布或其他覆盖物，并用石头把两侧压住。

A 型防水布避难所

找两根直杆，或剪下两个树枝。将它们插入地面，间隔约 2.4 米左右。必要时用石头固定，或将支撑绳子穿到地上的短桩上。在两个杆之间拉开绳子或绳索，并系好固定。把一部分防水布压在睡袋区域，其余部分盖过平行绳子的顶部。然后把防水布的另一侧压好，将各个角系在短桩上。

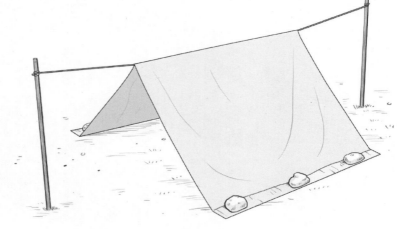

拱型防水布避难所

可以使用四根杆子和两条支撑绳来搭这种拱型的防水布避难所。这种避难所更大，能够容纳一人以上。

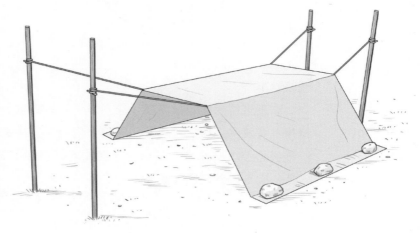

避难所

地下避难所

这种避难所可以使你躲避大风。在地面上找到一个洼地，这个洼地除了让你有足够的空间躺下，还能留有一定的空间。或者自己动手挖一个约0.6米深的壕沟。

在洼地或壕沟边缘堆放沙子和岩石。将防水布铺在该区域上，然后用岩石或沙袋压住。如果你有另一块防水布，请将其盖在沙袋上，形成双层覆盖，以更好地隔绝阳光。

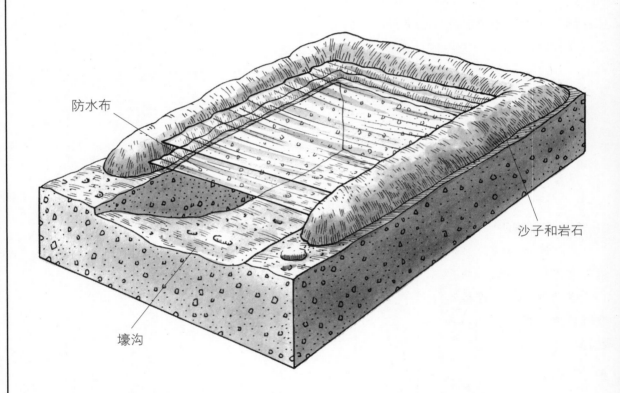

防水布

沙子和岩石

壕沟

地表避难所

该避难所比地下避难所通风更好。它的结构类似于地下避难所，但是没有壕沟。填满沙袋，然后将它们放在要掩盖区域的四个角上。给该区域铺上防水布，然后用沙袋或岩石压住。如果有两块防水布的话，则可以做双层覆盖。

临时搭建的避难所

　　如果有足够的岩石或木材，请将它们堆在一起来建一个防风屏障或遮阳棚。如果有可用的植物，就用植物搭建棚顶。也可以把防雨布铺下来，四周加重，来搭建一个庇护棚。

　　如果附近有多岩石的区域，请寻找一个洞穴，或在一个凹陷区域周围建庇护棚，以最大限度地利用其防护性，可以用防水布或其他材料制成棚顶。

灰土和沙尘暴

　　沙漠沙尘暴或哈布风暴的高度可达 3000 米，并且持续数天。强风裹挟着沙粒，不仅降低能见度，对人和动物来说也非常危险。如果沙尘暴即将来临，请尽快在体积大的物体（例如巨

石）后面寻找避难所，这将有助于防止飞沙颗粒的袭击。不要躺在沟壑或沟渠中，以免突然山洪暴发。让身体靠近地面，用手臂或背包保护头部。遮盖眼睛、鼻子和嘴巴。为避免被沙子掩埋，应时不时左右移动身体把沙子抖落。

山体滑坡、雪崩和洞穴探险

　　山体滑坡是指在重力作用下，岩石、泥土或碎石块组成的岩土体掉落或滑下山坡。可能的触发因素有很多，最直接的因素是大雨或融雪，因为雨雪会降低泥土、黏土和沙子的黏结强度。而森林砍伐或森林火灾会破坏树林或灌木丛，从而削弱树根对地表土的固定作用，在雨雪的作用下就容易引发滑坡。此外，而地震、火山和人为造成的爆炸也有可能引发滑坡。

雪崩可能高达上百米，并以惊人的速度滑落。

山体滑坡的种类

滑坡可能是由多种因素引起的，包括地震、大雨、森林火灾或森林砍伐。我们一般按照其移动方式或组成将其进行分类。

当岩土体松动到一定程度，就会掉落。如果在掉落之前发生旋转则会翻倒。当脱落的物质在倾斜的表面上滑动时，就会发生"滑坡"。"延伸"是在移动的表面下把柔软物质携带走的移动。另一种移动是"流动"。"崩塌"的特征是岩石在斜坡表面的松动处直接掉落。土壤、岩石和其他随水流动的物质混合在一起流动就形成了"泥石流"。

美国联邦应急管理署对山体滑坡预警的建议

- 地貌发生变化，例如暴雨后雨水的流向有所不同，尤其是径流汇合处；产生轻微的陆地移动；滑坡；或出现涌流。
- 门或窗户首次出现阻滞或打不开的情况，墙面上的石膏、瓷砖、砖头或房屋地基上出现新裂缝。
- 外墙、走廊或楼梯与建筑物主体分离。
- 地面或铺装路面（如街道或车道）上出现缓慢扩大的裂缝。地下公用设施线路中断。
- 斜坡底部地面凸起。
- 在新的位置有水涌出地表。
- 栅栏、挡土墙、电线杆或树木发生倾斜或移动。
- 随着滑坡的临近，可以听到微弱的隆隆声越来越大。

- 地面朝一个方向向下倾斜，并可能在脚下开始向该方向移动。
- 异常的声音，例如树枝断裂声或巨石撞击在一起的声音，可能表示有泥石流在移动。
- 行驶时看到塌陷的路面、泥浆、落石等迹象，即提示可能有泥石流。
- 路边的路堤特别容易发生滑坡。

诱发因素

　　避免滑坡的最佳方法是要注意潜在的危险，并要注意大雨或大风等触发因素。聆听任何异常的声音，例如树木吱吱作响或岩石撞击在一起的声音。注意河流中的沉积物是否增加。如果你发现自己处于危险区域，请尽快撤离。

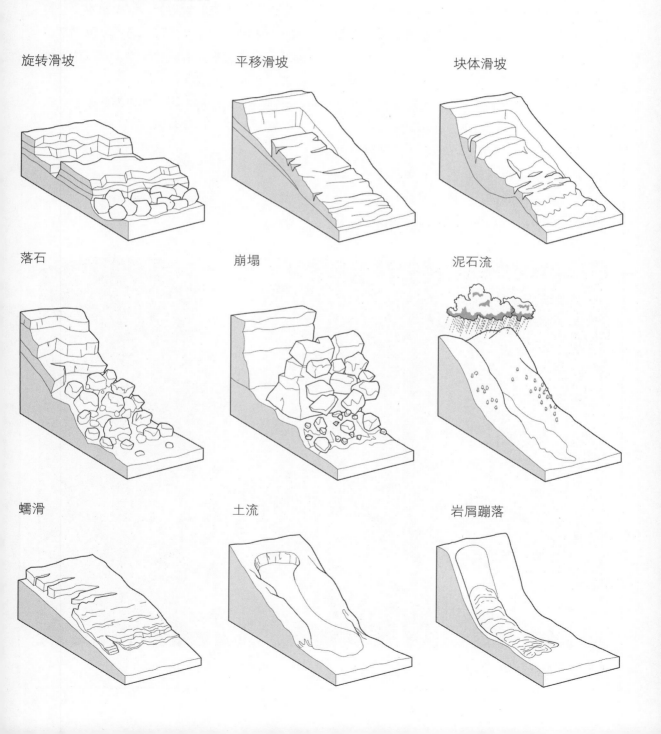

旋转滑坡　　　　　平移滑坡　　　　　块体滑坡

落石　　　　　　　崩塌　　　　　　　泥石流

蠕滑　　　　　　　土流　　　　　　　岩屑蹦落

美国联邦应急管理署对山体滑坡的安全建议

- 在暴风雨中，请保持警觉和清醒。人们睡着时发生的山体滑坡更易致人丧生。

- 使用电池供电的收音机收听新闻，注意强降雨预警。

- 聆听是否有异常声音，如果听到树木断裂声或巨石撞击在一起的声音，可能表示着泥石流正在移动，尽可能快速远离滑坡或泥石流的移动路径。河谷地形和长时间的强降雨都会增加泥石流的危险，泥石流移动迅速，比你走路或跑步都快。过桥之前先看看上游，如果有泥石流从上游流下来，切勿过桥。

- 不要靠近河谷和低洼地区。

- 如果你在溪流或河道附近，请警惕水流量突然增加或减少，并注意河水是否从清澈变得浑浊。这样的变化可能意味着上游发生了泥石流，此时请迅速离开。

- 如果无法逃脱，那就把身体蜷缩起来，蜷成一个紧紧的球，护住头部。

滑坡导致一条山路上的支撑墙坍塌。

雪崩

雪崩是大量雪体沿斜坡迅速向下滑动，积雪可能是干的（含水量较低），也可能是湿的（含水量较高）。

出发之前的检查

出发去登山之前，了解最近发生的雪崩活动，如果有滑坡情况，了解滑坡类型。留意是否有迹象表明雪是湿的或不稳定的，积雪表面是否出现裂缝或有雪球向下滚落。

避免雪崩的三个要素

1. 角度：远离倾斜角度超过 25° 的斜坡。
2. 方位：注意所处的方位，要避免强烈的阳光或强风。
3. 高山：检查最近是否有与高山相关的预警。

检查积雪的厚度，用手去感觉雪的组成，看积雪是轻的还是紧凑的。仔细聆听任何刺耳或重击的声音，这些声音表明积雪正在移动或受压。

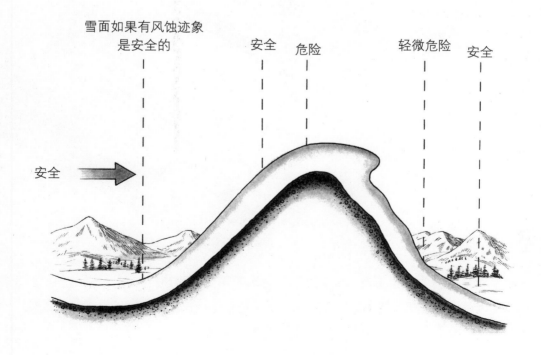

雪面如果有风蚀迹象是安全的　　安全　危险　　轻微危险　安全

安全

雪板雪崩

　　这是最强大和最具破坏性的雪崩形式。它看起来像一块巨大的雪板向下滑动。雪板雪崩通常发生在倾斜度介于30°至50°之间的坡面上，会造成大面积的破坏。在有树木或岩石露头的地方，雪板雪崩不太可能发生，因为这些地方能把雪固定住。雪板雪崩经常发生在伴随大风的强降雪之后。高温和降雨也可能导致这种灾害。

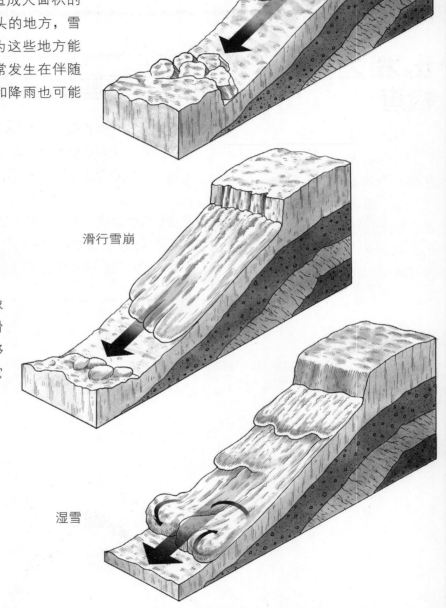

雪板雪崩

滑行雪崩

湿雪

其他雪崩类型

　　在滑行雪崩中，雪堆像冰川一样移动，整块地滑落。我们可以通过雪崩的移动方式和形成方式来辨别它们的类型。

诱因

　　对于易于发生雪崩的积雪来说，只需小小的诱因即可触发雪崩。大多数（超过90％）雪崩受害者都是被他们自己引发的雪崩所袭击的，其"触发器"往往就是滑雪者的一次雪上运动。而自然触发因素则包括掉落的山崖雪块、新鲜降雪或风吹雪。

避免雪崩

如果你必须穿越一个有潜在雪崩危险的山坡，请从尽可能高的位置穿行，靠近可以用来起到保护作用的露出的岩石或树木。

使用绳索

如果你正在与其他人一起穿越某个区域，请用绳子绑在一起，每个人之间保持约 15 米的距离，这样会使你们避免摔倒在一起。穿越山坡时，请使用坡度计，这样可以计算出坡度并预估潜在危险。

美国联邦应急管理署对避免雪崩的建议

- 了解当地的雪崩风险。
- 你所住的社区可能也有可靠的本地预警系统，建议提前了解。
- 了解雪崩的迹象以及如何使用安全装备和救援装备。
- 接受急救培训，以识别并处理窒息、体温过低、外伤和休克。
- 了解如何使用安全装备和救援装备。
- 与有经验的向导同行，避开容易雪崩的位置，永远与人结伴同行。
- 注意并听从道路上的雪崩警告。雪后道路可能被封闭，也可能建议不要在路边停车。
- 避免经过危险区域，例如大于 30° 的陡坡或位于陡坡下方的区域。
- 了解危险增加的迹象，包括近期发生过雪崩的迹象和山坡出现裂缝的迹象。
- 戴头盔以减少头部受伤，并能形成"气袋"，不致在被雪掩埋后完全窒息。
- 佩戴雪崩信标可以帮助救援人员找到你。还可以使用雪崩安全气囊，它可以避免你被雪掩埋。
- 携带可折叠的雪崩探头和一把小铲子，用以在雪崩发生后帮助营救其他人。

雪崩安全装备

雪崩收发器

　　雪崩收发器又称雪崩信标。在发生雪崩后，受困者身上的收发器就会发出有规律的求救信号，从而让救援人员可以迅速定位，实施救援，这也大大增加了受困者的生存概率。在前往危险积雪地区之前，确保你和你的同伴已练习过定位技术，或是已参加专业培训课程。被雪掩埋时，如果受过培训的话，雪崩收发器就可以派上用场。把收发器戴在紧靠身体处，最好是在外套里面，这样它就不会在滑落时被扯掉。出发之前，请确保收发器电池工作正常，并确保设备已打开。

雪层探测杆

　　雪层探测杆可以通过找到某个区域发出的救援信号而找到雪崩遇险者。该工具分为多个部分，可通过拉线或拉绳进行组装。该探测杆还可以帮助救援人员评估积雪的深度。

一名滑雪者在检查她的
雪崩收发器

铲子

找到雪崩遇险者后，应尽快挖出遇险者以增加其生存机会，所以，在前往存在雪崩危险的区域时，应随身携带一把结实的可折叠铲子，并确保易于取用。

雪崩空气气囊背包

在雪崩时使用气囊背包能增加生存机会，气囊增加了你的体积，分散了对雪的压力，在雪崩时可使你停留在比较靠近雪层顶部的位置，不致被掩埋太深。

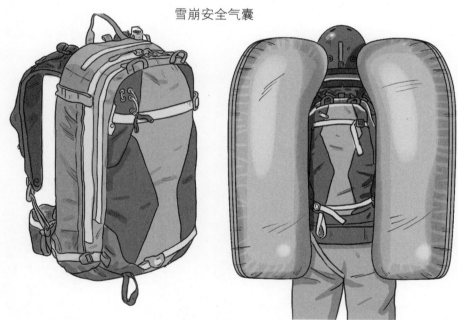

雪崩安全气囊

呼吸管

被雪掩埋时，呼吸管可以提供宝贵的氧气。它能从雪堆的其他部分抽取空气。

滑雪头盔

当你在滑雪或雪崩时摔倒，它能给你的头部提供额外的保护。

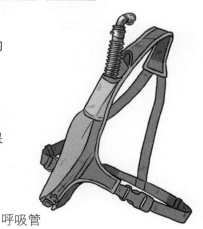

呼吸管

如果遇到雪崩怎么办

　　如果在滑雪时遇到雪崩，请加快下坡的速度，然后身体转向雪崩的侧面，背朝雪崩的方向。如果附近有大石头或大树，请尝试在其后面躲避。如果你有雪崩安全气囊，在感觉到自己要被困在雪崩中时迅速拉动操作钮。

游泳动作

　　如果已被雪崩带走，请奋力使用游泳动作以尽可能靠近雪面。当雪崩速度开始变慢时，请采取脚向下伸，头向上抬的姿势。举起一只手臂猛烈地朝表面拍打，用另一只手臂挡在你的面前营造一个呼吸空间（用这只手触摸另一侧的肩膀即可）。

极地生存

在极地地区，极度的严寒会因风寒效应而变得更糟。极地的低温往往还伴随着大风，人在这种环境下，身体热量会被大风迅速带走，从而导致人的体感温度比实际气温更低。而且极地地区还有长达数月的极夜或极昼，这些都给在此居住的人带来了巨大的生存挑战。

环境

尽管北极地区有一道明显的树木生长界线，超过此界线的地区树木无法生长，但是这里也有植被，通常是苔原植物和贴地灌木。北极极地的常见动物包括北极熊、海豹，还有北美驯鹿、北极黄鼠狼、北极兔、旅鼠、北极狼、北极狐、矛隼、雷鸟、贼鸥和雪鸮等，南极地区则有企鹅和海豹、海象、贼鸥等。

加拿大和俄罗斯等国家的北地森林是众多动物的家园，也是有经验的野外生存者的食物来源。在极地地区，夏季可以在沿海或溪流、河流和湖泊中找到食物。可用的海鲜包括各种鱼类以及蛤蜊、小龙虾、贻贝、蜗牛和螃蟹。海鸟也可以食用。在低纬度地区可狩猎苔原动物，例如驯鹿、北极兔、北美驯鹿和旅鼠等。

气温因素

　　北极地区冬季气温变化很大，最冷的月份平均温度在 –7℃左右，夏季的平均气温可达 10℃。南极比北极更冷，在夏季，南极沿海气温可达 5℃，但全年平均气温仅有 –17℃，南极内陆地区气温更低。

风速	体感温度
18 千米 / 小时	–8℃
35 千米 / 小时	–15℃
55 千米 / 小时	–18℃
71 千米 / 小时	–19℃

着装

　　在极地地区，专业服装至关重要。请分层穿着，并以防风层作为外壳。兜帽上的毛皮衬里有助于防止呼出的水汽冻结在脸上。

鞋类

　　根据你的计划来准备鞋类。带有橡胶鞋底和绝缘衬里的防水皮靴或帆布靴可以使脚和小腿保持温暖和干燥。在靴子内穿三层袜子。进入避难所或进入睡袋之前，请尽可能把雪抖落。

保持干燥

　　确保在进行任何身体活动时都不要过于激烈而导致出汗，因为这会产生冷汗。衣服应尽量保持清洁和干燥，穿比较宽松的衣服，这样可以使空气流通。兜帽和袖口的抽带在恶劣天气下应收紧，但在行走或工作时应松开。

寻找水

尽管极地生存最重要的是穿很多衣服来保暖，但沉重的衣服和干燥的极地空气会使身体很快脱水。

请记住要经常喝水。夏季，你应该能从溪流、湖泊或池塘中获取水。冬天，可以融化冰块取水。在寻找冰块时，请选择带有蓝色光晕的圆形冰块，因为它口感更好。

给水瓶装水时，请留出一些空间，以防水结冰后体积膨胀。将水瓶放在身体附近，以减少结冰的可能性。

将冰融化

下面的简易融化装置非常适合将大块冰变成饮用水。

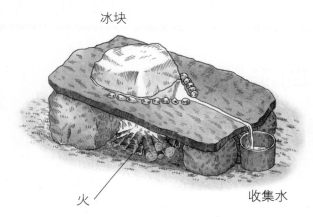

冰块

火　　　　　　　　　　　　收集水

制作简易的雪鞋

如果你必须穿越非常深且柔软的雪地，那么雪鞋是必不可少的。请注意：不要让任何绑扎物扎到脚踝或小腿的肉里。

- 取一个小树苗，并弯成马蹄形。
- 装好横梁。
- 整形成框架的形状并系好两端。

极地避难所

在极地地区尽可能地避风。如果要避开暴风雪，请寻找天然的避难所，确保雪堆不会把它掩埋。留意洞穴、突出的岩石、倒下的树木或云杉。你可以挖到云杉的根部，其悬垂的树枝可以充当天然的屋顶。

圆顶避难所

这是一种制作非常简便的避难所。你可以先搜集足够的树皮、树枝、树叶之类的材料，用篷布包上，做一个足以形成居住空间的大球，然后在大球上覆盖足够多的雪，等雪变硬且不会倒塌后，即可小心地拉出篷布和里面的包裹物，这样一个防风的圆顶避难所就搭建好了。在建造圆形避难所时，请确保至少建一个通风孔，以提供足够的氧气。

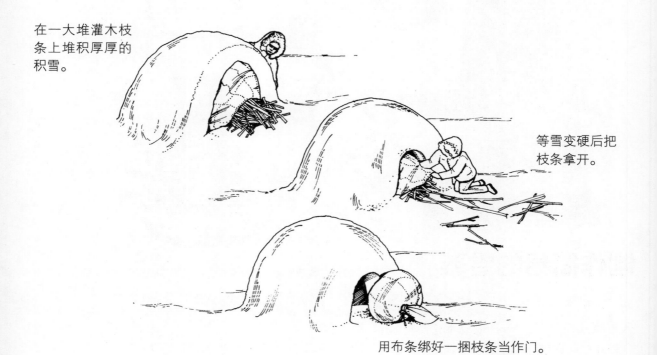

在一大堆灌木枝条上堆积厚厚的积雪。

等雪变硬后把枝条拿开。

用布条绑好一捆枝条当作门。

雪屋

　　如果你有更多的时间和精力，就可以搭建一系列更复杂的避难所，其中有些需要切削工具。最著名的极地避难所就是雪屋了，但其搭建的时间往往较长，在寻求避难时要考虑好，是否有足够的时间来操作。

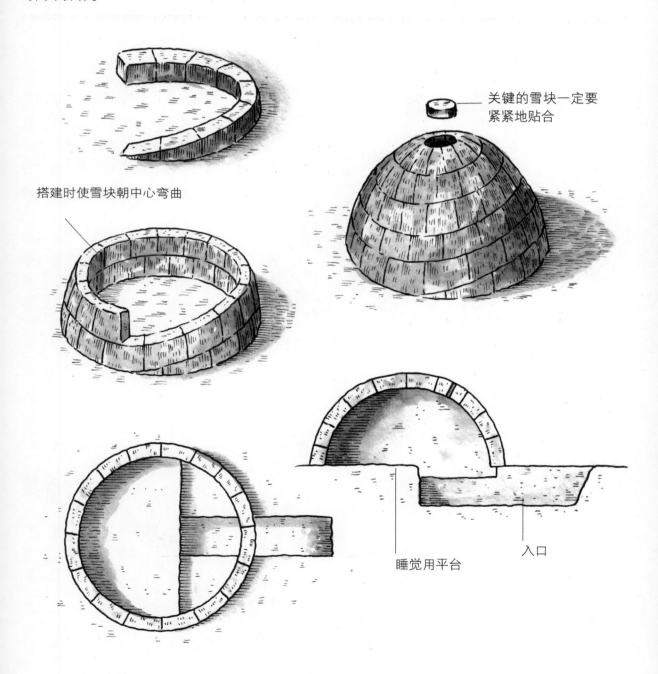

关键的雪块一定要紧紧地贴合

搭建时使雪块朝中心弯曲

睡觉用平台

入口

山地生存

你在高山地区面临的问题往往和极地地区相似，包括低温、大风、暴雪等，此外，陡峭的地势和有限的避难所还导致了额外的危险。

装备

登山和攀冰都需要接受全面的培训，这至关重要，在此之前绝对不能冒险。如果你在山区遇到灾难，首先你应当尽快撤到较低的位置，避开极端的天气条件，然后再寻找食物和避难所。

在山区行动时，要确保你能够看见你的目的地。不要试图在夜晚爬山，因为很可能你会摔倒，并从陡峭的悬崖上跌落。

冰川

冰川很危险，因此请在清晨时趁它还很冷且尚未融化之前越过它们。无论何种情况，请确保你和所有的同行者都绑在一起。冰川裂缝可能被新鲜的积雪掩盖，所以请做好准备，在每两个人之间留出足够的绳索间距，以确保两个人不会掉入同一缝隙中。绳索的间距不是固定的，但两个人之间始终应保持约9米的距离，要确定绳索是拉紧的。如果有人掉进了裂缝，团队中的其他成员应立即向后转，然后弯腰趴下，承受拉力，防止同伴坠入冰缝。

下降

　　在陡峭的山坡上下降时，请用靴子的鞋跟着地在雪地上行走，保持腿部略微弯曲。用冰镐支撑，镐尖朝后。

　　如果你滑倒了，请把镐柄插入雪中，从底部抓紧它。尝试把双脚脚趾部分踢入雪中以立足。如果积雪很硬，请用冰镐锋利的镐尖凿雪。

刹车位置

　　如果你已开始沿着斜坡下滑，请保持头部向上，然后将一只手放在冰镐头上，另一只手放在柄上。用放在冰镐头上的手把镐尖插入冰中，保持另一只手在柄上。然后向它倾斜，向下推，以便将镐尖压入斜坡。把压力尽可能多地施加在冰镐和膝盖上，双脚抬起离开地面。如果没有冰镐，则打滚至俯身，然后用胳膊将身体从斜坡上撑起，以使压力最大化并集中在脚趾上，迫使它们插入斜坡。这个方法是为了产生一个楔形作用，它会使你停下来。或者，你可以张开双腿和手臂以产生最大阻力。下降时，请留意是否有被踩过的路，或是否有其他迹象表明该路径已被使用过。如果要急着爬下山，请让脸朝内，朝向岩石。不要靠近沟壑，以免被落石砸到。

爬升凸轮

安装了弹簧的爬升凸轮可以插入岩石的裂缝中。一旦向下的压力从连接的绳索被施加到凸轮上，凸轮就会被强迫向外抓住岩石，并形成一个稳定的锚。

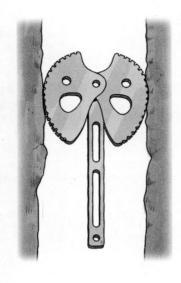

无绳下降

下降的方法取决于坡度有多陡。如果你在一个陡峭的斜坡上，下降时请保持面朝岩石，保持腿部重量平衡，并保持腿部弯曲。如果坡度适中，则可以侧身向下移动，但请确保与山坡保持三个接触点。可以是两只手和一只脚，也可以是一只手和两只脚。

在较缓的坡度上，你会感到有足够的自信，你可以背对山，面朝外，这样可以更轻松地找到立足点，用立足点卡住靴子的后跟以防止滑动。如果山坡足够柔软，你可以用脚踢入以找到立足点。

有绳下降

绳索可以帮助下降垂直或比较陡峭的坡度。将绳子固定到一个安全的锚点，必要时留一个备用绳，并确保绳索的末端足够长，可以到达下方的安全区域。将你的侧面朝向锚点，绳索在背后。始终牢牢抓住绳子。

开始沿斜坡向侧面（A）行走，让绳索缓慢穿过你的手（B）。要减慢或停止，将控制绳索下端的手（有时称为制动手）伸到身体前方，然后转身面向锚点（C），这样就可以锁定绳索。

A

B

C

高山避难所

　　为避免夜间登山，你可以在大石头附近或天然洞穴里建一个临时避难所。如果有积雪，你可以通过砍削雪堆或堆雪来建一个雪洞，雪洞洞壁的底部应比洞顶厚，洞壁可以弯曲以防止水滴落。你可以用紧密堆积的雪球封住入口，然后用背包或一袋雪密封入口缝隙。只要确保至少有一个与门呈45°角的通风孔即可。

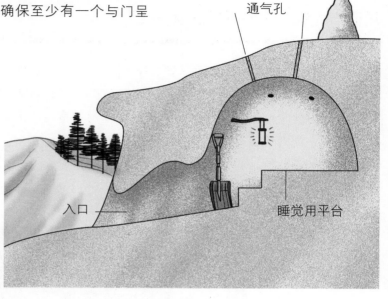

通气孔

入口

睡觉用平台

雪树避难所

　　雪树避难所中，松树的树枝在头上方提供了自然、紧密的庇护。只需从树的根部周围挖出积雪，然后在地面上铺上厚厚的树叶即可。当你蹲下时，上方低垂的树枝将提供一定程度的防水和防风保护。

洞穴探险

洞穴形成的方式有很多。有些是由水和基岩之间的化学反应产生的；一些是火山喷发之后形成的；一些通过冰川运动形成；还有一些是由于风和水的作用而产生的，例如海岸侵蚀。

洞穴存在许多危险。地下洞室可能非常深，并通过复杂的隧道延伸很长的距离，在其中穿行有迷路的危险。此外，可能会触发峭壁或洞顶的落石。洞穴也容易受到地表水侵蚀影响，因此有溺水的危险。地下区域的自然光很少或没有，使得探洞人只能完全依赖可靠的便携式光源。洞穴内部远离太阳光，所以通常非常寒冷，穿行其中存在体温过低的危险。

这位探洞者穿着合适的衣服和安全装备，包括防寒服、登山背带、绳索和带头灯的防护头盔。

着装

进行探洞时，请遵循与地面上寒冷或潮湿天气时相同的多层着装原则。请勿穿棉质衣服，因为它会吸收水分和汗水，并且在地下不能速干。另外，应穿结实的外衣以防刮伤和泥泞。

了解情况

1. 了解之前的天气和水况。一直在下雨吗？地面是湿的、干的还是冻的？
2. 搜集当地有关洞穴和集水区的知识。了解山洞如何泛洪以及通常的时间延迟。你知道路线吗？你是否有洞穴指南或熟悉该区域的当地向导？
3. 观察。现在发生了什么？现在正在下雨吗？还是有明显的下雨迹象？当地探洞者怎么看？当你计划进入时，有其他人从洞穴出来吗？如果是这样，为什么？
4. 天气预报。获得有关该地区的详细天气预报。并准备一个下雨天的替代方案。

团队检查

　　团队中的每个成员是否胜任？体能是否合格？身体是否健康？是否都备有合适的个人工具包和技术工具包，并具备正确使用它们的知识和能力？是否有应急工具包，其中是否有备用灯、口哨、急救物品、干粮和衣物、救生袋或团体避难所设备、备用绳索和小刀等？

- 出现紧急情况时你是否有以下详细信息？
- 参与者的详细信息，包括带有电话号码的联系人名字、洞穴名称、网络坐标，位置和预定路线。
- 停车场和汽车登记信息。
- 如果还没有与外界联系，请记下进入时间和呼叫时间。
- 紧急联系人姓名。
- 当地的紧急救援服务信息。

如果不能获得普通食物，可以食用从正常食物中分离出来的干食品、即食食品和糖果，它们可以快速提供能量，这些食物也需提前携带。

探洞装备

探洞者应当考虑佩戴或携带以下装备：

- 保暖内衣
- 结实的长裤
- 长袖衬衫
- 保暖的中层（加绒）
- 防护外套
- 手套
- 靴子
- 袜子
- 带灯头盔
- 备用衣服和鞋子
- 护膝和护肘
- 背包
- 备用头灯
- 备用灯泡
- 备用电池
- 口哨
- 胶带
- 食物
- 急救箱和药品
- 太空毯
- 用于寻找出洞路线的记号笔
- 折叠刀
- 登山扣
- 绳索
- 登山镐

带灯头盔

绳索

登山扣

折叠刀

靴子

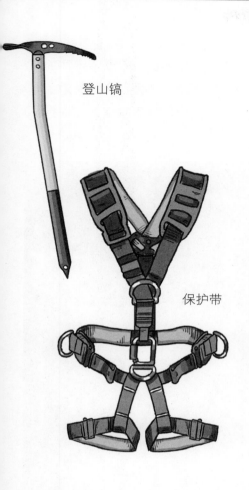

登山镐

保护带

背包

减少洞穴灾难的可能性

引起洞穴灾难的一些主要原因是跌倒、被坠落的物体砸到或体温过低。

跌倒：

避免跳跃，也不要滑下斜坡。确保穿合适的鞋。检查所有攀登设备，以确保其没有故障。在困难的区域中移动时，确保身体上有三个点始终由稳定的物体（如扶手和立足点）支撑。

坠落的物体：

始终戴好头盔，以免被坠落的物体弄伤。如有可能，清理下降或爬升区域的底部。确保所有个人设备均已固定，以免其掉落并砸到另一个探洞者。了解你的团体发出的关于坠落物体的预警。

低温：

长时间暴露在低温下会导致体温过低。确保你有足够的保暖衣物，尤其是停下来休息或进食时。

发生洞穴灾难时采取的行动

在照顾病人之前请确保安全。如有必要，将患者移至安全区域，首先检查背部或颈部是否有受伤的迹象。

如果可以的话先把骨折部位固定住。确保在援助到达之前患者保持温暖。如果脖子或脊椎受伤，请等待专业救援队。如果患者可以行走或爬行，请协助其离开山洞。如果需要医疗设备或担架，请地面团队协助处理这些需求。

泰国洞穴救援

2018 年 6 月 23 日，泰国一支由 12 个男孩组成的足球队和一名教练进入清莱省的鲁昂洞。不久之后，大雨使山洞的部分区域充满洪水，通道被阻塞，队伍被迫进入洞穴深处。因为洪水堵塞，外界试图找到该团体的努力受阻。因为积水淤塞严重，开始时潜水探针显示信息很少。尝试使用嗅探犬和探针从洞穴上方进入也徒劳无功。不久，国际救

援队陆续抵达，来增援正在进行救援的泰国皇家海军海豹突击队的队伍。救援队成员包括英国洞穴救援委员会会员、美国空军救援人员、澳大利亚联邦警察专家响应小组成员以及中国潜水员。

7月2日，两名潜水员在制定救援方针时找到了男孩们。尽管男孩们已经找到并且显然状态还不错，但是如何将他们救出仍然是个挑战。因为男孩们都不会游泳。

救援人员前往男孩们所在的位置，给他们带去了高能量的食物和医疗帮助。同时，专业潜水员沿着路线放置了备用氧气罐。由于存在下雨的威胁，因此进行了抽水作业以调节水位。

经验丰富的潜水员逆流而行，花了六个小时才到达男孩所在的地点。由于回程需要大约五个小时，这些男孩无法独自应付，因此必须设计一种在引导他们的同时为他们提供氧气的方法。潜水员在游泳池里和当地泰国男孩一起练习，试图找出执行此操作的最佳方法。

救援队的成员将每个男孩都系上了安全绳。给每个男孩都戴上了全面罩，并将一个氧气罐绑在胸前。每人后背装上一个手柄，这样便于潜水员引导。救援队还给男孩们使用了一些镇静剂以减少恐慌。

在淹没的通道中有些部分太狭窄了，以至于救援人员不得不解下氧气罐，将氧气罐推过狭窄的缝隙。男孩们必须小心地、放松地通过狭窄的地方，这样他们的面罩才能正常工作。安全经过了洪水区之后，男孩们被放置在带滑轮的担架上，以使他们穿过洞穴的陡峭部分。到达其他区域后，他们从一个营救者手中移交到另一个营救者手中，直到每个男孩最终安全到达洞口。在这些操作中，前泰国皇家海军海豹突击队成员萨曼古南牺牲。

对面图片：泰国皇家海军海豹突击队的成员在来自世界各地的志愿者的支持下，对被困在泰国清莱省鲁昂洞中的男孩们进行了营救。他们在这里为潜水员背氧气罐。

恐怖袭击

　　近年来，恐怖袭击在欧美国家时有发生，很明显，恐怖主义已不再是有重大内部或外部冲突的国家所特有，世界各地都面临着恐怖主义的威胁。恐怖分子几乎可以在任何时间、任何地点发动袭击，音乐会、机场、酒店、俱乐部、饭店、宗教场所等人群密集之处的公共场所，往往就是他们发动恐怖袭击的首选目标。在和平国家的平民都必须意识到可能的恐怖袭击的危险。

2001 年 9 月，纽约世界贸易中心，发生
恐怖袭击之后，救援人员在废墟中搜寻。

预防和防恐意识

在公共场所，请注意看似可疑的人，并向警察报告。我们不是通过外表和穿着来识别可疑人员，而是通过行为来识别。他们在游荡吗？他们似乎在观察建筑物吗？

在机场，请尽量减少在开放区域（尤其是在到达区域）逗留的时间，并尽快通过安全检查进入安全区域。报告任何可疑的废弃袋子。请勿将你的行李或包裹散落在四周。保持低调，不要用衣服、旗帜或其他识别标记来宣传你的国籍。

如果发生恐怖事件，请制订行动计划。计划应该包括找到警察局、医院或其他安全区域。记住以下三个行动：逃跑、躲藏或战斗。如果可能，逃跑；如果必要，躲藏；并仅在迫在眉睫的危险中没有其他选择时才与恐怖分子搏斗。

机场安检旨在防止把武器和危险的设备和材料带上飞机。

交通工具

如果使用出租车，请确保其显示正确的经营许可证信息。如果要租车，请检查一下车上是否有可疑附件。在城市地区行驶，请关闭车窗，并检查车门是否已上锁。确保你有足够的备用燃料。

酒店

　　出国旅行时，请勿遵循常规时间和路线，可以适当更改。注意每家酒店的疏散平面图和路线。检查进入你的房间的访客的身份，不接受来路不明的包裹。向总台报告任何可疑的事物，包括来路不明的物体。

发现可疑行为

　　在多元文化的社会中，恐怖分子可能很难从视觉上识别。但是，如果你有防恐意识的话，也许能够发现行为可疑的人或携带可疑物品的人。是否收到了没人记得的已订购的快递？仔细检查，而不是自认为没问题。

质疑你所看到的

　　请注意是否有人在某个区域或建筑物周围无目的地闲逛。这人对各个入口和出口特别感兴趣吗？这人正在寻找监控录像机或安保人员吗？质疑你所看到和听到的东西。有人问异常的问题吗？是否有车辆留在了异常的地方？你是否注意到有车辆在无明显目的地行驶？

下一步

如果你认为某人的举止可疑，你可以果断而礼貌地向他（她）提问，然后判断其答案是否可信或是否增加你对他（她）的怀疑。提出需要解释的开放性问题。如果答案不能消除怀疑，请详细报告此事，包括对此人的描述，他（她）的衣着和外表、引起怀疑的原因、位置和时间。

注意：这些不寻常之处是基于对你所处的特定环境的了解。恐怖分子有时会在宗教节日或动乱时期组织袭击，因此在此期间要特别警惕。

美国国土安全部
针对可疑行为和暴力行为的安全建议

具有潜在危险的行为预警：

- 越来越不稳定、不安全或具有攻击性的行为。
- 感觉受到不公正对待而产生的敌意或他人能觉察到的不当行为。
- 吸毒和酗酒。
- 边缘化或与朋友和同事疏远。
- 工作绩效的变化。
- 家庭生活或性格突然发生巨大变化。
- 财政困难。
- 待处理的民事或刑事诉讼。
- 可察觉的不满，并有威胁的举动和报复计划。

在工作场所中，请遵循下方的提示，以确保每个人的安全：

- 注意某同事对他人态度的急剧变化。
- 提供有助于干预并减轻潜在风险或新出现风险的信息。

可疑物品

如果发现引起怀疑的物品，请观察其外观并思考为什么它会留在此地。从以下三个方面考虑：

1. 是否被隐藏在此处。
2. 是否明显。
3. 是否典型。

该物品是否被试图隐藏？人们会丢东西，但通常不会故意隐藏物品。该物品（如电线、电池或液体）是否可疑？该物品所处的位置是否正常？该物品是否具有识别标签或商标？如果你有怀疑，请向附近的人提问以确认。他们是否注意到了该物品，或知道它属于谁所有？

如果你仍然怀疑，请让人们与该物品保持安全距离。不要触摸该物品。请确保你与物品之间保持至少有 15 米的距离，然后再使用手机与有关部门联系，因为手机可能会触发某个设备。该区域中的所有人都应至少后退 100 米，并离开视线。确保人们远离玻璃窗或类似结构。

武装袭击

　　如果听到枪声，请考虑最安全的选择。跑到安全地带是首要任务，但要花点时间考虑最佳逃生路线。确保与你在一起的每个人都迅速采取行动，把随身物品留下。如有必要，找到替代路线，并注意躲开死胡同。

　　如果没有安全的逃生路线，请躲藏起来。选择一个有坚固实体防护的藏身之处。如果可能，请移至门能上锁的房间。途中尽量设置路障，远离门，将手机置于静音状态，然后关闭震动，尽可能无声地交流，请勿四处走动或发出声音。

报警

　　如果你逃到了安全地带，请立即报警。告诉警察：

- 袭击发生的地点
- 你的方位
- 目测的袭击者人数

提供对袭击者的描述，包括他们的衣着、武器和他们要去的地方。

爆炸

　　如果发生爆炸事件且有人员伤亡，请对伤员鉴别归类并进行伤亡评估，并考虑伤情的紧急程度。

　　1. 谁在严重出血？

　　2. 谁能行走？

　　3. 谁能讲话？

　　拨打紧急热线以提供尽可能多的信息。将能行走的伤员转移到安全区域，等待紧急服务的到达。在评估患者时，请检查以下内容：

- 呼吸状况如何？
- 严重出血吗？
- 是否缺少反应？
- 是否骨折？
- 是否有烧伤？

2011 年 7 月，一枚汽车炸弹在挪威奥斯陆市中心引爆，炸死 8 人，炸伤 200 多人。

特警队

警察到场后

　　警方将应对眼前的威胁，并在可能的情况下将其消除。警察将无法立即区分无辜的旁观者和潜在的袭击者，因此请按照他们所说的去做。不要做突然动作或手势，不要把手伸到口袋里。保持冷静，保持手部可见，让警察明确看到你没有拿着武器。

如果袭击者靠近你

　　如果袭击者近在咫尺或你正面临直接的威胁或攻击，请使用手边任何能防御的东西，包括锋利或尖锐的物体，例如笔、钥匙、雨伞、发梳或高跟鞋。攻击袭击者的脸部，使其感到困惑或动作延迟，便于你趁机逃脱。

　　如果你受到袭击者的跟踪或追赶，请将诸如椅子、垃圾箱、板条箱或桌子等物体拖入他或她的路径。猛撞汽车发出汽车警报，以引起附近任何警察的注意。

主动射击者

在美国这种允许平民拥有和携带枪支的国家中，存在极个别有心理疾病的人想要报复社会的危险因素，而他们报复社会的受害者往往是各个年龄段的无辜平民。由于主动射击者通常不直接对抗安全部队，因此在安部队介入之前通常会有一段时间的延迟。在这种情况下，平民需要知道如何尽力应对意外袭击。

如果你事先做了相关练习和培训，那么当意外发生时，你就更有可能迅速而自觉地采取行动，所以，请务必参加学校或工作场所举办的任何反恐培训和演习。

美国联邦应急管理署应对主动射击者的建议

快速确定求生的最佳办法。请记住，当主动射击者在场时，顾客和客户很可能会跟随员工和经理行动。

1. 跑

如果有逃生路径，请尝试立即撤离。请执行下列操作：

- 心中想好逃生路线和计划
- 无论其他人是否同意都要撤离。
- 留下随身物品。
- 如有可能，请帮助他人逃脱。
- 阻止他人进入主动射击者所在的区域。
- 保持双手可见。
- 不要试图移动受伤的人。
- 请在你处于安全时拨打报警电话。
- 按照警察的指令行事。

2. 躲藏

如果无法撤离，请找到一个躲藏的地方，让主动射击者不太可能找到您。躲藏处应具备以下特征：

- 不在主动射击者的视野范围内。
- 如果朝你的方向射击，请做好保护。例如，选择一扇封闭而且能够上锁的办公室。
- 该地点不会困住你或限制你的行动选择。

为了防止主动射击者进入你的躲藏地，请把门锁好，用重家具把门堵住。

3. 当主动射击者在附近时该怎么办

- 把门锁上。
- 手机静音，关闭震动。
- 关闭任何噪声源，包括电视。
- 躲在比较大的物体后面，例如橱柜。
- 保持安静。

如果无法撤离和躲藏：

- 保持冷静。
- 拨打报警电话，如果可能，报告主动射击者的位置。
- 如果你无法讲话，请保持电话在线，让接线员收听。

4. 抵抗

作为最后的选择，只有在你的生命安全即将面临危险时，才应尝试打断主动射击者或使其丧失射击能力。请考虑以下几点对策：

- 你的反击应对射击者有冲击力。
- 向其扔东西，随手拿起手边的物品作为武器。
- 叫喊。
- 竭尽全力。

美国 9·11 恐怖袭击事件

2001 年 9 月 11 日，世界贸易中心的两座双子塔都遭到被劫持的客机袭击，最终导致其坍塌。那天，迈克尔·赖特位于北塔的 81 层，正要以咖啡和松饼开始一个常规的周二工作日。上午 8 点 45 分左右，他和他的同事们感觉到类似地震的震感，使站着的人失去了平衡。地板上出现了巨大的裂缝，电梯门被炸开，留下了一个没人愿意接近的黑暗空隙。烟雾滚滚。

按照消防演习的要求，迈克尔和他的同事去了一个楼梯间，开始与其他人分成两列下楼。当他们到达四十层时，他们遇到了消防员正朝上走。随着员工们继续下降，来自其他办公室的伤者也加入其中。当他们到达塔楼底部的购物中心时，迈克尔看到了尸体躺在地上，刚松了一口气的他又紧张起来。

震惊中，他们向购物中心的自动扶梯跑，想从那里到街上。当救援人员向他们示意时，迈克尔从玻璃窗中看到了第二座塔楼正在倒塌。他跑回建筑物以防碎片落下，但他上方的建筑物此时也开始倒塌。

此时迈克尔被灰尘呛着，同时被灰尘埋住的还有一名消防员，该消防员有手电筒和开门工具。消防员砸碎了一扇通往书店的门。然后他们和其他人穿过黑暗和尘土冲到了外面。迈克尔冲上街时，他听到了难忘的一声巨响——他所在的塔楼、他的办公室，倒塌了。

9·11 恐怖袭击发生四天后，纽约市一名消防员在双子塔的废墟中发出信号，要求增派救援人员。

11·13 巴黎恐怖袭击事件

2015 年 11 月 13 日晚上 9 点 20 分，一名自杀式炸弹袭击者在法兰西体育场外将自己炸死，此时法国总统和一大群人正在观看法国和德国之间的一场足球友谊赛。这是当天晚上在巴黎发生的一系列恐怖袭击中的第一个，此后又发生了在咖啡厅和餐馆使用自动武器进行的袭击。几分钟内，三个恐怖分子团伙袭击了六个地点。最严重的袭击发生在巴塔克兰剧院，那里挤满了听美国摇滚乐队演出的人。枪手用军用自动攻击武器向人群开枪。

一些音乐会观众设法通过紧急出口逃脱，一些攀上屋顶，而另一些冒着摔落的危险悬挂在窗外。15 分钟后，一名警官到达，他只有一支手枪，但他设法射击了一名恐怖分子。一名袭击者戴着一条自杀腰带，将自己炸死，这使其他恐怖分子和一些人质一起从主厅撤退。半小时之后特警队到达。

在混乱中，伊泽贝尔·鲍德瑞扑倒在地上。人们在她周围被枪杀，她觉得自己会被子弹随时打中。

周围很多人已经死亡或垂死，她也满身是血，一动不动假装死了，希望不被注意。大约一个小时后，一个男人从她旁边站起来，把手放在头上。伊泽贝尔不知道持枪者是否劫持了人质。听到警察的指示后她站起来，警察告诉她赶快离开大楼。在这天晚上，整个城市有 130 人死于恐怖袭击，其中 89 人在这个剧院丧生。

2015 年 11 月，法国巴黎。在巴塔克兰剧院袭击现场附近，人群聚集为受害者点燃蜡烛。

车辆袭击

公众和安全部门面临的一个问题是潜在的袭击者很容易租用卡车、货车或其他车辆，而且很容易选择在一些公共场所发动袭击。

自 2014 年以来，世界上发生了多起严重的车辆撞击恐怖袭击事件，这往往是由极端组织煽动，恐怖分子独立策划并实施的单独行动，又称"独狼式"恐怖袭击。有组织的恐怖袭击在很大程度上可以被国家和国际情报与安全部门挫败，但对于"独狼式"恐怖袭击，防范起来却非常困难，这些恐怖分子被完全"洗脑"，为了某种"事业"而单独行动，实施暴行，尽管其与极端组织中心并无联系。

2018 年 3 月，以色列安全部队和法医小组在检查一辆被毁坏的车辆，该车辆是一名巴勒斯坦袭击者在针对约旦河西岸一群以色列士兵的撞车袭击中使用的。

发生车辆袭击时
该怎样行动

- 逃跑，离开车道。
- 在坚固的物体后面躲起来，例如障碍物或墙壁。
- 远离该地区，以防车辆袭击之后还有再次袭击。
- 尽快通知警察。执法人员将迅速部署并有能力阻止威胁。

预防车辆袭击

可以通过观察到的某些袭击迹象来预防袭击。朋友、家人和雇主最易于注意到某个人的某些异常行为，其中有些迹象可能表明即将发生暴力活动。

涉及卡车、货车和其他车辆的租赁机构需要注意任何表明租赁行为动机不明的迹象。这可能包括一系列可疑行为，例如要求进行不寻常的修改、在异常的时间租用或前往可疑的目的地等。

障碍物

在平民聚集的地区设置永久性或临时性障碍（如大型花盆）是阻止袭击的好方法。在参观一个公共场所时，环顾四周以检查是否已设置了保护设施。如果没有保护设施，请考虑如果受到车辆攻击的威胁，你可以躲避的地方。在一些几乎没有人身保护设施的场所，可能会使用大型车辆（例如公共汽车）来把可疑车辆围成一圈，以防潜在的攻击。

核爆炸

核爆炸一般是指原子弹等热核武器引起的爆炸。这些武器制造目的是造成即刻毁灭性的巨大破坏，在爆炸后的最初几个小时内会产生极其危险的核微尘。

从初始爆炸到核微尘落下的时间可能短至15分钟。如果发生此类爆炸，请进入尽可能最安全的地方，以最低程度或避免暴露于核辐射。

理想情况下，应该进入砖砌或混凝土建筑物避难，远离窗户，并进入最中心的房间或地下室、地窖。收听有关部门的广播，除非收到有关部门的建议，否则请不要在24小时之内出来。

电池供电的收音机也许能用，但其他服务可能会中断。如果有发生核爆炸的预警，请准备好应急物资包。

去除污染

如果你认为自己曾暴露于核微尘中，请脱掉外衣。如果可能的话，冲个澡，然后清洗身体所有可能暴露于核微尘的部分。使用肥皂和水。仅食用在爆炸期间和核微尘落下期间处于建筑物内部的食物和饮料。

美国联邦应急管理署对核爆炸避难的建议

• 如果预警袭击来临，请立即进入最近的建筑物，并远离窗户。这将有助于防护爆炸产生的冲击波、热量和辐射。

• 如果在室外发生爆炸，躲到任何可能提供保护的物体后面。脸朝下躺倒，以保护裸露的皮肤免受高温和飞扬碎屑的侵害。如果在车上，请安全停车，然后俯伏在车内。收听广播里的最新指示，如果建议撤离，请收听官方关于逃生路线、避难所和逃生步骤的指令。

• 冲击波过后，进入最近的最佳避难所，以防受到潜在核微尘的影响。在核微尘落下之前，你将有 10 分钟或更长时间找到一个较好的庇护所。来自核微尘的户外核辐射水平在核微尘落下时达到最高，然后随时间推移逐渐降低。

• 请密切关注政府应急响应官员的最新指示，如果建议撤离，请仔细倾听并记录关于路线、避难所和撤离程序等信息。

在溪谷、沟壑、沟渠、天然洼地、倒下的树木下以及洞穴内寻找避难所，这样可以减少你暴露于核微尘的可能性。停在沟渠或洞口上方的汽车也可以提供遮挡。

核爆炸的各个阶段

1. 明亮的闪光：这可能会导致长达一分钟的短暂失明。

2. 爆炸波：根据设备的大小，爆炸可能会对爆炸中心附近建筑物造成巨大的破坏，甚至导致人类的死亡或重伤。

3. 辐射：这可能会损坏人体细胞，辐射量足够大时会导致放射病。暴露于辐射的时间越少，距离辐射源越远，辐射对你的影响也越小。

4. 火灾和高温：这也可能导致死亡、重伤以及对爆炸中心周围数千米的建筑物和自然环境的破坏。

5. 磁脉冲电：这可能会导致大范围电子设备的损坏和中断，从而导致通信困难。

6. 核微尘：这是以碎片的形式像下雨一样从天而降。它具有放射性，你应当不惜一切代价躲避它。尽快进屋，尽可能留在室内，直到有关部门告知已安全才可以外出。

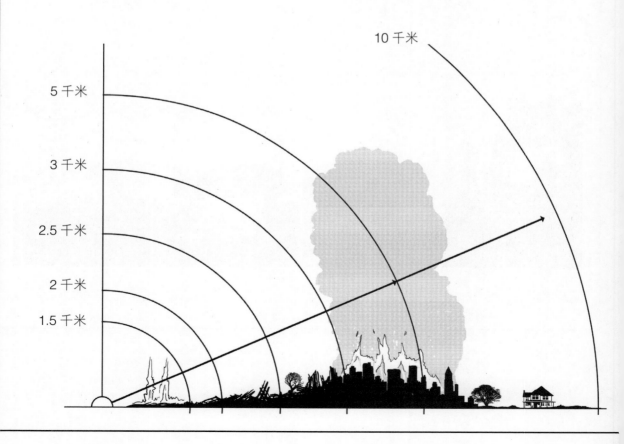

与正、负压相关的爆炸效应随时间变化：

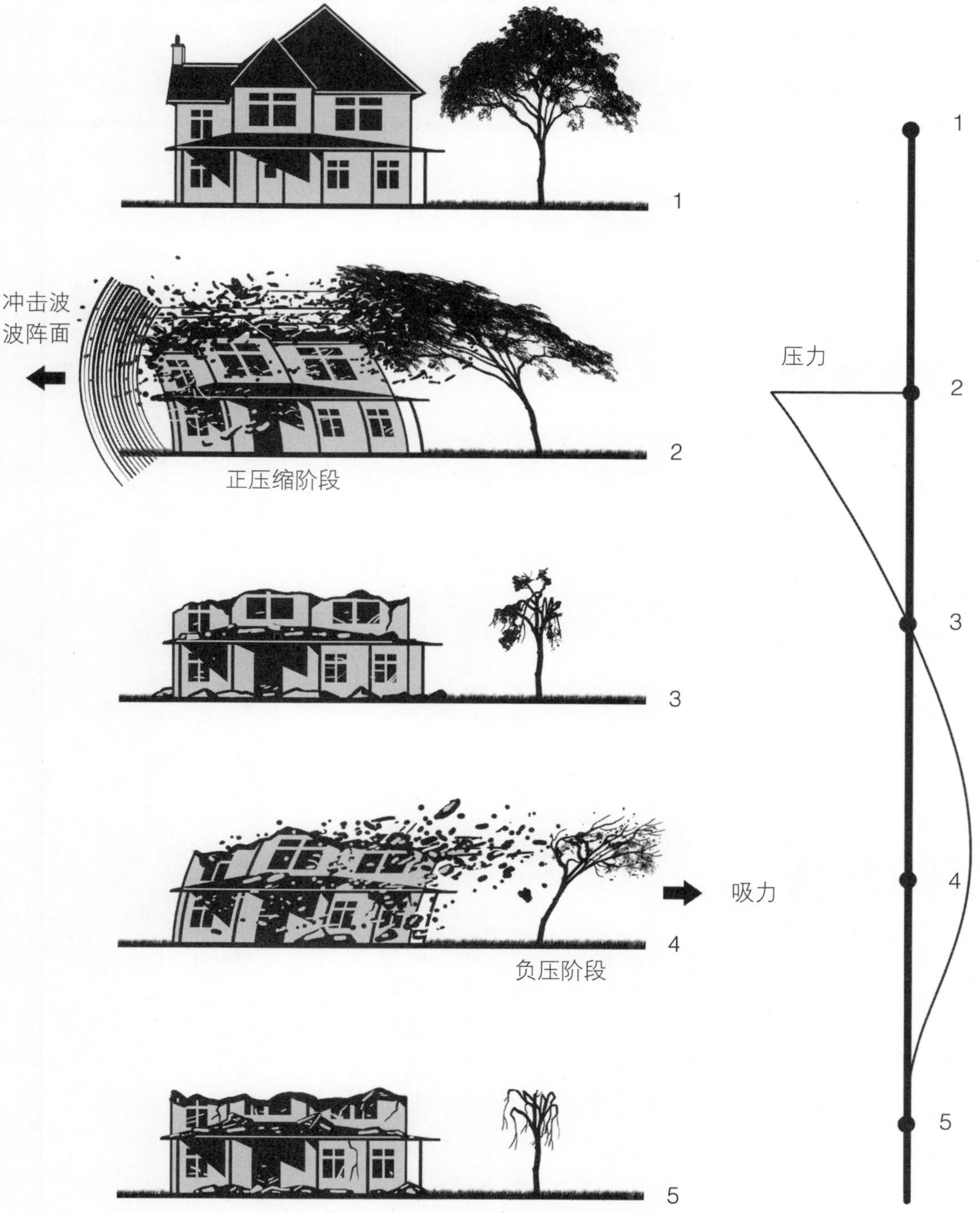

冲击波
波阵面

正压缩阶段

负压阶段

吸力

压力

1
2
3
4
5

生化袭击

生化武器具有潜在的致命性和长期影响，因为从性质上说它们很难控制。生化武器可以使用多种制剂，包括细菌、病毒或毒素。

毒素攻击的典型例子是 1995 年日本奥姆真理教在日本地铁系统中使用了沙林毒气。此外，2001 年 9 月，美国发生了炭疽攻击事件。

施放和防护

生物制剂通常以气雾剂形式施放。最好的防护措施是戴防护口罩和穿防护服。在军方，如果有生化核放防御部队（CBRN）的预警，通常会穿上 CBRN 制服和防毒面具。还应根据常规培训制度进行去污。军事人员定期接受 CBRN 方法培训，并定期携带 CBRN 防护服和防毒面具，而针对平民社区的防御措施则更为复杂。

民防系统

尽管美国等国家为炭疽和天花等生物制剂提供了大量疫苗，但对霍乱等传染病提供的疫苗却很少。除了可以接种疫苗外，应对生化袭击还需要对响应者进行高水平培训和协调。美国每个州现在都有一个针对生化袭击的应急响应系统，并且在全国都有应急疫苗库存。美国国民警卫队也接受了相关培训，必要时可为警察、消防和医疗救援人员提供支持。

联邦应急管理署
对应对生化袭击的建议

生物袭击的第一个迹象可能是由于有人接触试剂而引起了相关疾病。一旦发生生物袭击，公共卫生官员可能无法立即提供信息，毕竟确定疾病类型、研究治疗方法、寻找处于危险之中的人群还需要一些时间。所以在发生生物袭击威胁时，请遵循以下原则：

- 收看电视、收听广播，或在互联网上查看官方新闻和信息，包括疾病的体征和症状、危险区域、是否分发药物或疫苗，以及在生病时去哪里就医。
- 如果您发现异常和可疑的物体，请迅速离开。
- 用可以过滤空气且比较透气的织物，将其叠两到三层，以覆盖口鼻。比如可以用 T 恤、手帕、毛巾等。
- 根据情况，戴上口罩以减少吸入细菌或传播细菌。
- 如果你接触过生物制剂，请脱下衣服并把衣物和个人物品装袋。请按照官方指示处理受污染的物品。并用肥皂和水洗澡，换上干净衣服。
- 联系有关部门，并寻求医疗帮助。你可能会被建议远离他人，也可能会被迫隔离。
- 如果你的症状与所描述的症状相符，并且你处在有危险的人群中，请立即寻求紧急医疗救助。
- 遵循医生和其他公共健康官员的指令。
- 如果该疾病具有传染性，请接受医学评估并积极配合治疗。
- 官方宣布生物袭击紧急情况后或发生疫情后，请远离人群。
- 经常用肥皂和清水洗手。
- 请勿与他人共享食物或器皿。

美国炭疽袭击

在世界贸易中心遭受毁灭性恐怖袭击一周后，几封含有炭疽孢子的信件被邮寄给两名民主党参议员和新闻媒体，包括美国广播公司、哥伦比亚广播公司、《纽约邮报》和《国家询问者报》。袭击中有 5 人丧生，有 17 人被感染。

参议员们自己并没有拆开信件。一位助手拆开了其中一封信，此后美国政府邮件服务被关闭。另一封信由一名邮政员工拆开，后者吸入了炭疽孢子并被感染。

联邦调查局追踪肇事者的任务很复杂，涉及数百个邮政代理机构并对 9000 多人进行了调查。最终得出结论，这次袭击与 9·11 恐怖袭击无关，尽管当时存在很大的政治压力要建立这种联系。后来，联邦调查局得出结论，肇事者是政府专家布鲁斯·艾文斯。

这次袭击不仅杀死或感染了数人，而且还导致数座建筑物受到污染，清除其残留需要大量的净化工作。

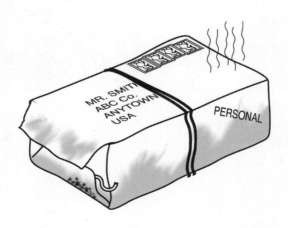

化学攻击

化学攻击一般通过具有毒性的化学物质来实施，这类化学物质也就是化学武器，它与核武器、生物武器同属于"大规模杀伤性武器"，使用的话会造成严重后果。但通过适当的防护装备、应对培训和排除污染措施，化学武器的主要作用能够得到有效抑制。在近代战争及恐怖袭击中，经常能看到化学武器的身影。

"一战"期间，1915 年 4 月 22 日，德国在比利时伊普尔战役用氯气攻击法国、加拿大联军，这是化学武器第一次用于大规模战争。之后参战双方都大量研制并使用新型毒气，芥子气、氯气、光气等被大量施放于战场，导致至少 85，000 人死亡。

鉴于化学武器攻击的恶劣后果，1925 年《日内瓦公约》中，各国对禁止使用化学武器达成共识，但在此后的战争中，化学武器一直屡禁不止。在 1936 年意大利入侵埃塞俄比亚战争

2005 年，新泽西州的一个炸弹小分队成员在恐怖袭击响应演习中检查一辆"可疑"车辆。

中，意军对埃军使用了芥子气，造成 15 万埃军毙命。日军侵华期间，也曾大量使用化学武器和细菌武器攻击中国军队和平民。

美国介入越南战争时，美军曾用飞机散布落叶剂（橙剂），以强烈毒性让树木枯萎，企图让越共军队失去丛林的掩护，结果导致数十万受害者，他们的症状包括皮肤溃烂、癌症和胎儿畸形。两伊战争中，伊拉克军队也曾多次对伊朗发动化学武器袭击，导致约十万名伊朗人中毒，其中约一万人直接死亡。

当今被大众熟悉的毒气恐怖袭击是发生在 1995 年日本的东京地铁毒气事件，邪教组织成员在地铁列车上散布沙林毒气，造成 13 人死亡，超过 6，300 人受伤。2002 年莫斯科剧院人质事件中，由于恐怖分子在剧院内部署了炸弹，俄军决定以秘密化学气体麻醉剧院表演厅内的所有人，从而一举歼灭了恐怖分子，大部分人质获救，但仍有 130 人因不良反应死亡。

美国联邦应急管理署
关于对应对化学袭击的建议

- 迅速确定受影响的地区，如果有可能，确定化学武器的来源。
- 迅速离开。
- 如果化学品在你所处的建筑物中，离开时尽可能避开受污染区域。
- 如果不能避开受污染区域并离开，或找不到空气干净之处，请躲避到尽可能远的地方。

如果接到指令留在家里或办公楼里，你应当：
- 关闭门窗、关闭所有的通风口，包括火炉、空调、排风口和电扇。
- 去里面的房间避难，随身携带救灾物资包。
- 用胶带和塑料布把房间密封。
- 用收音机或电视接收来自政府的指令。

如果你被困在户外的被污染区或在其附近，请迅速找到前往空气洁净之处的最快路线。
- 你可以立刻朝污染源的上风向撤离，或就地寻找最近的建筑物来避难。

日本的沙林毒气事件

1995 年 3 月 20 日，世界末日邪教组织奥姆真理教对东京地铁系统进行了化学攻击。群组在五辆地铁车厢中释放了沙林毒气，造成 13 人死亡，数千人生病。邪教领袖浅原翔子曾教导追随者，世界必须被摧毁才能再次变得纯净。为此，除了犯下其他罪行外，邪教还储存了生化武器。为了测试沙林的使用，1994 年 6 月，成员使用配备了沙林喷雾的冰箱卡车时，造成 8 人死亡。在得知警察正准备突袭该组织的库存时，这位邪教头目组织了地铁袭击。他希望这场混乱将引发第三次世界大战并带来启示。

袭击发生在东京的地铁系统的早高峰时段。这次的沙林毒气是液体形式，装在报纸覆盖的塑料袋中。五名恐怖分子携带了两个袋子，每个袋子都带有锋利的雨伞以刺穿袋子。当火车到达选定的车站时，恐怖分子放下他们的包裹，然后刺穿它们。之后他们前往出口，那里有车辆在等待接他们逃逸。随着沙林毒气迅速蒸发，那些接触过液体或蒸气的乘客受到的影响最大。

在 1995 年东京地铁沙林袭击中，医务人员在帮助受伤人员。

交通安全

汽车感觉像是一个安全的地方，尤其是当其配备了最先进的安全设施和舒适性装备时。例如，自动制动系统（ABS）使制动系统效率更高。ABS 传感器有助于在汽车撞到东西之前使其减速。汽车保护系统（包括安全气囊）增加了发生事故后乘客的生存概率。尽管有这些改进，也不能确保万无一失。车辆在高速行驶时，任何影响因素都有可能造成潜在的灾难。

2016 年 5 月，在艾伯塔省麦克默里堡附近，火焰和浓烟沿着高速公路升起，护送撤离人员的车辆向南行驶。

行车安全

行车安全最重要的是警觉性和谨慎驾驶。行程中任何情况都会发生，每一次行程都有其潜在的危险。此外，良好的车况也是安全驾驶的另一个要素。

在道路上实施最高限速是很有必要的。最高限速往往是考虑了停车所需的距离、能见度、交叉路口、建筑物的位置等因素后，计算出的该道路最安全的最大速度。此外，为了保持安全，驾驶员可能还需要在某些条件下（例如下雪或下雨）以较低的速度行驶。

在雾中行驶对于最有经验的驾驶员来说也是挑战。

雾中行驶

即使是最有经验的驾驶员，也会担心雾中行驶。在雾中行驶与在云层中飞行大致相同。但是，飞行员不太可能撞到前面静止的飞机上，但是汽车驾驶员却有可能会撞上另一辆汽车。

雾会导致能见度下降，从而给驾驶员带来很少的思考时间和很短的制动距离。在这种情况下，请保持大灯近光，因为远光会被雾反射回来。雾中行驶的速度很难判断，因为在雾中很少或没有可见的参照物。

因此，请密切注意车速表。此外，由于需要注意力高度集中，所以多雾时请花更多时间休息。停车前早一点使用刹车灯，以提醒其他驾驶员你正在减速。确保刹车灯以及后雾灯都可操作，以便在需要时可以使用。但是，请勿在后雾灯打开的情况下行驶。仅当能见度低于100米时，才应使用后雾灯。其他驾驶员可能会将后雾灯与刹车灯混淆。

车辆应急工具箱

　　好的车辆应急工具箱应包括带反光装备、跳线、毯子、警告锥、轮胎充气系统（电动的和罐装的）、手电筒和电池，以及进行维护的基本工具和铲子（折叠铲可以很容易地打包放在后备厢中）。

驾驶时穿的鞋

　　鞋子对驾驶有很大影响，因为它们会影响驾驶员对踏板的接触和抓地力。平底鞋或运动鞋是理想的选择，因为它们可提供均匀的接触和一定的牵引力。驾驶时请勿穿高跟鞋或厚底鞋，也不要穿拖鞋或轻便的凉鞋，因为它们可能会在踏板上滑动或卡在踏板下。

车辆基本检查

- 检查挡风玻璃、后窗和侧窗是否干净。
- 检查镜子是否干净。
- 检查车灯、前灯和后灯是否正常工作。
- 检查仪表盘指示灯和双闪灯。
- 检查制动器是否工作。
- 检查轮胎压力，必要时充气。
- 请确保轮胎胎面厚度在法定范围内，记住这是最低程度。你需要在胎面厚度达到最低限度之前更换轮胎。整个轮胎的胎面厚度必须均匀，以实现最大的安全性。
- 检查轮胎是否有割伤、凸起或擦伤。

疲劳驾驶

　　疲劳驾驶引起的短暂入睡会让驾驶员完全失去对车辆的控制，这对驾驶员、对车上同行人员、对路上的其他车辆和行人来说都是致命的。这种短暂入睡可能持续长达 10 秒钟，在此期间，车辆完全有可能跨越车道，甚至撞向路边停靠的车辆和行人。据统计，疲劳驾驶导致交通事故死伤的可能性比其他因素要高三倍。

　　人体的昼夜节律不会轻易被打乱，因此，如果可能，应避免在午夜至早晨 6 点之间行驶。下午 2 点到 4 点之间有一个昼夜次节律，如果在此期间行驶，请提前计划停车休息。如果你在开车时感到困倦，请在安全处停车，休息、走走路、深呼吸或小睡一会儿。喝点咖啡、茶或其他含咖啡因的饮料。但是，请记住，尽管含咖啡因的饮品和功能饮料能够暂时缓解疲劳，但它们无法替代正常的睡眠。

驾驶时脱水

　　不要在酒后驾车，但要确保开车时你已经摄入了充足的水分，可以是水、果汁或其他饮料（例如茶或咖啡）。缺水会导致嗜睡、反应迟钝或决策错误，与饮酒的后果一样危险。健康专家通常建议人们每天应当喝 2 升的水来保持健康。

驾驶的位置

　　开车时，要调动你的最大控制力。记住：驾驶员的座位不是令人放松的扶手椅。要检查方向盘与座椅靠背之间的正确距离，请将肩膀舒适地靠在座椅靠背上，然后将手腕放在方向盘顶部。向前或向后调节座椅，以使手腕可以舒适地靠在方向盘顶部。然后双手以十点钟 / 两点钟，或九点钟 / 三点钟的方式握住方向盘，以较舒适且适合车辆布局的位置为准。有一些方向盘的设计会提示哪里是最佳抓握位置。

停车距离

除非是为了避免交通事故，请不要突然急刹车。应轻踩刹车以减速，停车踩踏板时逐渐加压。如果车辆没有安装自动制动系统来避免车轮抱死和打滑，请尽量踩稳刹车，避免车轮抱死。

通常情况下驾驶小汽车的反应距离、刹车距离和停车距离

行驶速度	反应距离	刹车距离	总距离
48 千米 / 小时	9 米	14 米	23 米
80 千米 / 小时	15 米	38 米	53 米
113 千米 / 小时	21 米	75 米	96 米

为了减少与前面任何一辆汽车发生撞车的危险，请保持安全的停车距离。车辆与前方车辆之间至少要相隔两秒钟车距。参照路边的标记（例如路标或路灯柱）进行测量。在潮湿的道路上，距离应加倍；在结冰的道路上，距离还应该更长。

洛杉矶市区的一条公路上，车辆占满了高速公路的五个车道。在城区，人们很少与前方车辆保持足够的刹车距离。

打滑时的驾驶

在潮湿、结冰或湿滑的道路上行驶速度过快可能会导致打滑。例如，热浪过后，道路可能会变得油腻且湿滑。转弯过快、加速过快或突然刹车都可能导致打滑。如果你的汽车进入打滑状态，请将脚从加速器或刹车上移开，然后朝打滑方向转动方向盘。

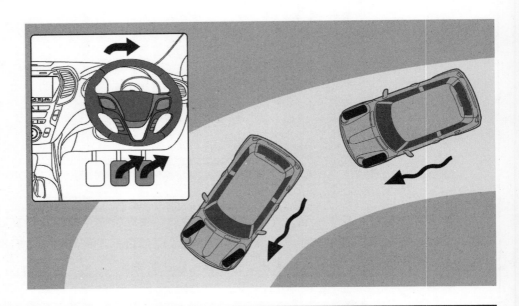

伤亡

如果在车祸中有人受伤，请评估伤势，如有必要，请迅速拨打急救电话。

碰撞类型与伤情

后方撞击：

猛击式受伤、脊柱和颈部受伤、面部受伤。

前方撞击：

骨折、划伤、头部和脊柱受伤，骨盆受到撞击。

侧面撞击：

受撞击的一侧腿部和手臂骨折、肩膀和上臂受伤，以及头部受伤。

如果事故涉及摩托车，则可能会造成腿部和手臂骨折、头部受伤和严重的外伤。如果事故涉及行人，受伤情况可能包括多处骨折、头部和脊柱受伤，以及多处其他外伤。

车辆事故

　　如果遇到交通事故，例如发生连环相撞时，你首先应当打电话寻求救援，或请其他车辆中的人员帮你打救援电话。然后观察并判断你所在区域是否危险，例如是否有石油泄漏或散落的金属，如有必要立即离开该区域。

　　查看是否有车辆靠近，尤其是雾天。除非你确信是安全的，否则不要盲目穿越街道或高速公路的车道。你要打开危险提示灯，并让其他驾驶员也将其打开。

　　如果此时在路上行走是安全的，那么请在距事故发生地点后方 50 米至 100 米处（高速公路应在车后 150 米处，若遇上雨雾天气，则应在车后 200 米处）放置反光三角警示牌。如果你有高可见度的反光安全夹克，请把它穿上。这些衣服在一些国家的法律里是行车必备物品。

发生交通事故时，车辆本身就是潜在的致命隐患。

车辆着火

　　如果你开车时发现有烟从引擎盖里冒出，这通常代表你的车着火了。这时你要做的是减速，开到安全地点然后停车，并打开安全警示灯。做完这一切后你应当下车，并让车上的人都下来。让他们离开，去安全的地方，并确保没人站在车后方。

　　假如你有灭火器，那么把喷嘴对准前格栅，然后对着火进行喷射。注意不要打开引擎盖，因为这会给火提供助燃的氧气，导致火势突然增大，并可能会因此烧到你的脸。

防御式驾驶

　　糟糕的驾驶员是指那些开车心不在焉的人，而称职的驾驶员是指那些一旦开车就心无旁骛，驾驶时就不考虑其他事情的人。

未雨绸缪：

　　未雨绸缪式的防御性驾驶会给你更多的反应时间从而避免事故。在城镇开车时，一定要预料到那些意想不到的事情：比如某个驾驶员可能会突然做出需要你突然急转弯或猛踩刹车的行为；行人可能会跑过马路去搭乘公共汽车或出租车；有人可能从停着的货车后面跑出来。

安全使用指示灯

　　转弯前，注意不要太早给信号。如果在你想要转弯的地方和你现在的位置还有其他出入口、街道等，那么最好等车辆开过之后再打开转向指示灯，你的刹车会通知后车你正在减速。
　　转弯之后，请关闭转向灯。

保持冷静：

　　最重要的也许是避免"路怒"。不要招惹那些开得忽快忽慢或驾驶过程中判断力很差的驾驶员。而是向有关部门报告。

注意：

　　如果你跟在一个骑自行车的人后面，请小心。他（她）可能会突然转向以避开路肩或坑洞。如果你已经停车等待行人通过，请勿向行人发出信号，让他们通过前面的道路，因为你后面也许会有一个不耐烦的驾驶员、摩托车手或骑自行车的人会在行人过马路的那一刻超过你。注意汽车两侧的摩托车。在某些地方，摩托车或自行车可以在其他车辆减速或停车时在车道分界线上行驶。另外，停车时不要不看后方就打开车门。

骑摩托车的人和骑自行车的人

与封闭式车辆中的驾驶员相比，摩托车和自行车骑手的危险系数要高得多，尤其是转变和超车时，要特别注意。另外，超速和疲劳驾驶也是驾驶自行车和摩托车的大忌。

摩托车手较不容易被其他驾驶员看到，尤其是在十字路口，因为他们的侧影相对狭窄，驾驶员很难判断一辆驶近的摩托车的速度。

防御式骑车

摩托车骑手上路时，需要时刻保持警惕，以防其他人在路上看不见自己，这意味着骑行时不能有理所当然的想法。摩托车比其他类型的车辆更灵活，有时会驶入机动车驾驶员没有预想到的区域，从而导致事故发生，所以骑手在驾驶中应提前预判，远离危险区域。

摩托车骑手经常在多个车道之间行驶，这使得其他车辆驾驶员不太容易注意到他们的行动。

日间行车灯（DRL）

日间行车灯（DRL）在发动机开动时自动点亮，然后在打开大灯时关闭。摩托车上日间行车灯的使用已经收到来自摩托车骑手褒贬不一的反应。但是，从其他驾驶员的角度来看，位于摩托车上三个位置的日间行车灯通常会反衬摩托车的狭窄轮廓，使其更加醒目。

头部受伤

如果你判断自行车或摩托车骑手在交通事故中头部受伤，请在脱下他们的头盔时保持他们的头部和颈部稳定。

自行车行车安全

对于路上的自行车手来说，一个主要的危险是卡车、公共汽车或其他大型车辆的驾驶员在左转或右转时看不到自行车手从内侧经过。

如果你是一个骑自行车的人，看到一辆大车在左转或右转，就要远远地后退，因为驾驶员可能看不见你。骑自行车时穿高能见度的衣服，即使是在白天也打开前后灯。例如，当你路过一个有树的地方时，如果没有灯的话，驾驶员可能不能马上看到你。

装上闪光灯和一个强大的前灯，这样可以在黑暗的地方或晚上被别人看到。安装带反光板的踏板，并将反光板固定到前后轮的轮辐上，还可以在车把和车架上缠绕反光带。如果你有马鞍包，请把反光三角锥放在上面。

这位自行车手穿着反光夹克，便于汽车驾驶员注意到他的行动。

乘火车旅行

尽管乘火车旅行相对安全，但你也要采取一定的预防措施，尤其是在晚上独自旅行时。在站台上等待火车时，请确保你站在光线充足的区域。注意周围是否有可疑人员，并尽量与一群普通乘客同行。

在境外旅行时，某些国家的火车治安并不是很好。如果不是必须对号入座的火车，请不要独自坐在车厢里，尽量躲开一群可能会吵闹或喝醉的人，转移到其他车厢或联系乘务员来协调。建议选择一个靠近门或后面有隔舱的座位，这样就不会有人从后面出乎意料地接近你。单独出行时，尽量不要在火车上入睡，因为这样更容易遭受扒窃或攻击，还有可能坐过站。

火车事故

确保你已经阅读了火车上张贴的安全建议，并留意任何紧急安全设备。如果火车发生事故，例如出现了紧急制动、摇摆晃动或俯仰的感觉，请将头部朝膝盖方向倾斜，并将手臂放在头上。如果你有外套，请用它遮住头部，以免受到飞行物体和玻璃的伤害。

如果火车中途停车，除非车内发生危险情况，否则请留在火车上，因为在轨道上可能还有其他危险，例如其他火车、电轨或掉落的电缆。

如果你必须下车，车门能开的话就从车门下去，或使用诸如玻璃锤子之类的应急设备破窗而出。在车厢外步行时，请勿穿越铁轨，除非你对电轨有足够的了解，或紧急工作人员下达了特别指令。

航空旅行

飞机客舱空间狭小压抑，人员密集，一些乘客容易暴躁、愤怒，甚至出现一些过激反应，对其他乘客构成威胁，这就是"空中暴力"。有时候，空中暴力甚至会出现一系列反社会行为，比如辱骂他人，身体攻击等。

在候机时或登机后，留意那些似乎已大量饮酒的人，并提醒机组人员。如果某人在飞机上有醉酒或好斗挑衅行为，首先可以友善提醒，但切勿过分反应，毕竟飞机上空间有限，发生冲突容易波及他人。另外乘客最好不要介入一般性冲突，因为一旦介入，很有可能会被视为麻烦制造者，从而被机组报告，在落地时被逮捕。正确的做法是向机组人员报告，由他们去处理，毕竟他们接受过相关专业培训。

在飞机上，避免与那些有攻击倾向的人有目光接触，更不要一直盯着那些喋喋不休的人或麻烦制造者。面对他人的挑衅时，请尽量保持克制，如果你必须为自己或其他乘客采取防御行动时，请使用最小的力量。但是，如果机组人员要求协助，请做好准备伸出援助之手。

空气湍流

　　飞机穿越积雨云时，常常会遇到一些严重的空气湍流，这种空气湍流一般是由积雨云中的高上升气流引起的，此外地表上升的热空气、高空急流、强风等也会引起空气湍流。空气湍流对飞机飞行影响较大。

　　在特定航线上飞行的飞机并非总是能够避开空气湍流区域。空气湍流发生时会感到飞机轻微起伏或剧烈晃动。为避免受伤，应系好安全带，不要离开座位。确保所有个人物品都已妥善放好。由于飞机的设计能够承受强烈的湍流，并且飞行速度非常快，因此湍流通常仅持续几分钟。

劫机

　　尽管在 20 世纪六七十年代发生了一连串的飞机劫机事件，但由于机场安检已非常严格，武装劫机情况现在已相对罕见。而且机组人员受过相关训练，知道如何应对劫机，因此除非绝对必要，否则请不要介入。

　　如果遇上劫机事件，请避免与劫机者目光接触，不要惹怒劫机者。尽可能融入你的周围环境，但也要保持警惕和警觉。请牢记劫机者的动向及其外貌，以备日后向安全部门识别时用到。

　　飞机降落在地面上后，请记住，现场的特种部队将控制每个人的行动。安全部队可能已经计划对飞机进行攻击。如果是这样，他们在登机前可能扔令人眩晕的手榴弹来引起混乱。不要惊慌，但要低着头。除非安全人员直接下令，否则请勿移动。在飞机的危险被清除、所有恐怖分子被逮捕之前，在他们眼中，你仍然是潜在的犯罪嫌疑人。

飞机失事

飞机失事对于整个人类世界来说毫无疑问属于绝对小概率事件，但对于每一个罹难者的亲友来说，却是 100% 的大灾难。研究表明，如果乘客有针对性地采取一定的预防措施，在遇到飞机失事时生还的可能性将大大增加。

和其他灾难生存策略一样，提前做好准备，想好在事故中要采取的措施。登机后认真听取飞机上广播的或乘务员口述并演示的安全建议。如果安全出口在你的座椅后面，请务必亲自转身看看它距离你有多远，数一数你和出口之间隔着几排座椅，当周围变暗或被烟雾遮挡时，这将帮助你找到出口。

无论在飞机上的什么地方，都可以保持相对安全并有很好的生存机会。也有一些研究表明，飞机的后部是最佳的安全位置，但飞机制造商认为飞机任何部位的座位都一样安全，因此不支持这项研究，因为安全性在很大程度上取决于飞机是如何撞击地面或水面的。

2013 年 7 月，韩亚航空 214 航班失事后最终降落在旧金山国际机场。三名乘客死亡，180 多人受伤。

安全带

在灾难发生时，我们通常会自动采取行动。人们系汽车安全带的次数要比系飞机座椅安全带的次数多得多，因此飞机失事后的本能是试图按下汽车座椅式按钮。然而飞机安全带几乎都是扣式的。所以当你在飞机座椅上坐好后，记个心理笔记，记住这简单的一点，它有可能挽救你的生命。确保安全带尽可能系紧，同时保持舒适。你和安全带之间的空隙越小，身体在撞击中的移动就越少。

防冲击姿势一：低头、抱膝

防冲击姿势二：把头靠在前排座椅的后背上

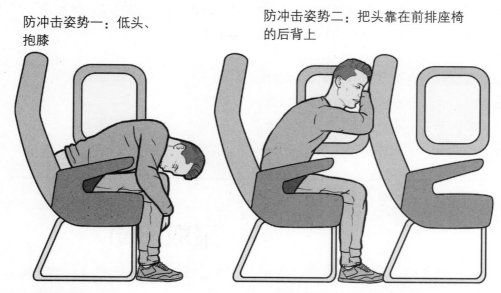

防冲击姿势

防冲击姿势要点：小腿尽量向后收，超过膝盖垂线以内；头部尽量向前倾，贴近膝盖或前排座位的靠背。这种防冲击姿势可以防止冲击发生时腿部因摆动而撞伤，同时减少头部受重伤的危险。

通常，在飞机出现紧急情况时，乘客都要按照乘务员的指示做防冲击姿势。事实证明，这一姿势在许多事故中拯救了乘客的生命。1991 年，北欧航空公司一架麦道 -81 客机坠毁，当时机上共有乘客和机组人员 129 人。飞机起飞不久升到 990 米的高空时，引擎突然停止转动，驾驶员试图在一片田地上紧急降落。尽管飞机坠毁，有些乘客受伤严重，但无一人丧生，这与乘客按照指示采取了防冲击姿势有很大的关系。

在秘鲁幸存

1971 年 12 月 24 日，朱莉安·科普克乘坐飞机在秘鲁雨林上空飞行，当时飞机遭遇了严重的雷电风暴。进入乌云后，湍流变得极其强烈。行李开始从箱子里掉出来；物体在机舱内飞舞。然后闪电开始了。其中一个引擎发出明亮的闪光，飞机突然开始俯冲。朱莉安突然跌落，此时仍然被绑在座位上。她昏了过去。

第二天醒来，她意识到自己在一场灾难性的空难中幸存了。她去找坐在她旁边的母亲，但意识到只剩她一人还活着。

以前曾在该地区居住过的朱莉安知道丛林里的危险：蛇、有毒昆虫，食人鱼和鳄鱼。她知道要顺流而下，因为小溪汇聚成大溪流，而大溪流更可能为人提供支持。找到一个小屋和小船后，她用现场发现的汽油清除了上臂伤口上的蛆。第二天，几名男子出现，并将她带回文明世界。

朱莉安在飞机失事中幸存下来，主要是因为她被绑在座椅上，当然其中也有些运气的成分。当一架飞机在空中裂开时不可能每个人都能像她一样能够幸存。她能在丛林中活下来也是基于她对环境的了解以及寻找安全之地的决心，这些帮助她找到了小屋并渡过了难关。

采取行动

发生撞击后，可能会出现震惊后的沉默，然后是忙碌的活动。不要一直等待空乘人员的出现并给你指令，因为空乘人员可能已受伤或惊呆了。你自己决定是否起来去帮助家人或朋友，确保你知道最近的出口所在的位置。忘掉个人物品，集中精力尽快离开飞机，同时保持冷静。

飞机疏散路线

疏散滑道是一种便于快速撤离飞机的充气装置。大多数商用飞机都有足够的逃生路线。请遵循航空公司工作人员发布的安全说明。

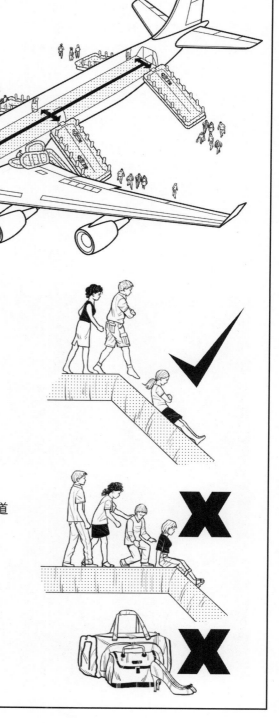

注意：每架飞机都不同，因此你应该查看针对特定航班提供的信息或认真收听起飞前的机舱广播。

紧急滑道

正确

- 要快速安全地逃离，请采取直立位置直接跳到滑道上并下滑。
- 跳之前交叉双臂。

错误

- 不要停下来，不要停在滑道边缘。
- 请勿随身携带行李，否则可能构成安全隐患。
- 请勿穿高跟鞋。

哈德逊河迫降事件

2009年1月15日，全美航空公司1549次航班从纽约市的拉瓜迪亚机场起飞，目的地为北卡罗来纳州夏洛特市的道格拉斯国际机场。当飞机到达近914米的高度时，撞上了一群加拿大黑雁，其中的几只被吸入了引擎，导致飞机失去了动力，飞行员陷入了选择困境：返回拉瓜迪亚的可能性很小，失去了动力意味着已不可能到达其他机场。此时飞机正在人口稠密的区域上空飞行，坠机将会造成灾难性的后果。

飞行员做出了最好的选择，那就是在附近的哈德逊河上迫降。海岸警卫队得到了预警，船只也处于待命状态以提供帮助。当这架空客A320飞机在274米高度飞越乔治·华盛顿大桥时，机长提醒乘客做好支撑，为撞击作准备。乔希·佩尔茨坐在机翼上端紧急出口之一的旁边。当飞机开始下降时，他一遍又一遍地阅读安全说明。他拉紧安全带，采用防冲击姿势。当飞机撞到水面时，有乘客的头部撞到了他们前面的座位，并因此受伤。

乔希知道，当务之急是在飞机沉没之前

尽快离开飞机。根据刚才所看的安全传单的提醒，他打开紧急出口门的把手并将其向外推。他一边引导一位乘客，一边走上了机翼。他们沿着机翼移动，并为其他正在爬出来的乘客腾出空间。他看到其他乘客跳到漂浮在水面的紧急滑梯上。乔希立刻意识到寒冷。此时空气温度为 –6℃，水温为 3℃。飞机正在下沉，有人已落入水中，水淹到腰部。在这种情况下，很快就会有低温症危险。

这时一艘渡轮过来营救，乘客们被救到了船上。后来，当乔希有时间进行反思时，他将自己的生存归功于一次迈出一步。通过每次用 10 秒钟来思考下一步该做什么，乔希克服了恐慌和混乱，成功避险，还帮助了其他乘客幸存。

河流拖船参与了打捞哈德逊河全美航空公司 1549 航班残骸的工作。

救援

　　尽管你有可能在灾难中幸存并到达安全地带，但有时候，你只能独自或与他人一起等待救援，在等待的这段时间内，你必须认真评估当下所面临的问题，找一个比较安全的地方，比如在沙漠中摆脱炎热的烈日，在严寒地带寻找避风处，然后冷静思考，争取最大可能延续生命，并尝试用一些国际上通用的方法发出求救信号。

在 2018 年 7 月林贾尼山火山爆发后，救援人员在照料从龙目岛撤离的 500 多人中的一位伤员。

检查你的处境

灾难过后，立即检查你和你的同行者是否受伤。检查是否有人遭受惊吓。进行任何可以操作的急救。评估你的同伴是否因为太虚弱或受伤而无法移动。

救援所涉及的每个人都必须具有精神上的适应力和决心，相信能度过漫长而且有潜在危险的旅程，并最终抵达安全地带。

食物、水和设备

如果在偏远地区发生车辆或飞机事故，检查看看是否有食物、水或必要的设备可以保存使用。了解可用的食物和水的数量以及可用的避难所，然后综合评估是留下待援还是离开去寻求帮助。

如果决定离开，务必选择正确的行动方向，如果大家都变得茫然失措，很可能会导致行动失败。

重要的决定

1. 是留在原地还是离开。

2. 是否有足够的水和食物，以及怎样分配。

3. 怎样与救援人员联系。

该地区有多危险？穿越沙漠需要大量的水。在山区攀爬可能太危险了，尤其是在同行的人里有人受伤的情况下。但是，留在原处也会非常危险，尤其是当你必须暴露在大自然中时。

求救信号

如果你遇到飞机失事或在偏僻的地方遇到车辆故障，只要没有燃料燃烧的危险，留在车辆或飞机附近可能是最容易获救的。

如果有照明弹，请等到空中救援人员足够靠近可以看到信号时，再发出信号。也可以搭一个火堆，并做好点火准备，当飞机靠近时立即点燃（有关说明请参见第208页）。

激光信号弹（如图说明）是一种简单有效的指示位置的方式。晚上，信号弹的灯光可以被 30 千米外的人看到。

数字六

六是国际上公认的求救信号。这可能是哨声响起六次或信号装置发出了六次闪光。发出哨声或使用闪光信号时，请在每六个一组之间等待一分钟。

用镜子发信号

镜子，抛光的锡片或光滑的箔片是向远处可能的救援人员发送信号的有效方法。为了使救援人员不会将信号当作随意的反射光，请学习国际救援代码：摩斯代码ＳＯＳ。它由三个点、三个短线和另外三个点表示：… ▬ ▬ ▬ …

- 将飞机对准在两个手指的 V 之间。
- 另一只手握住镜子，让反射光穿过 V 字，朝飞机反射。

地面信号

除了信号弹或火堆上的烟雾，你还可以用岩石、木棍以及其他与地面颜色形成对比的材料，组成可以从空中看到的静态地面信号。请用国际地对空代码向救援人员发送特定的讯息：

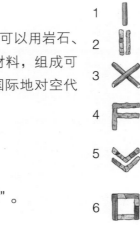

- 大写的"V"表示需要帮助。
- "X"表示有人需要医疗帮助。
- "N"代表"否"，"Y"代表"是"。
- 箭头可以用来指明方向。

1: 需要医生 - 严重受伤
2: 需要医疗用品
3: 无法继续
4: 需要食物和水
5: 需要枪支
6: 需要地图和指南针

7: 需要信号灯 / 收音机
8: 指示前进方向
9: 正在沿该方向前进
10: 将尝试起飞
11: 飞机严重受损
12: 降落在这里可能是安全的

13: 需要燃料和燃油
14: 都很好
15: 没有
16: 是的
17: 不明白
18: 需要工程师

篝火信号

信号火是国际求救信号。如果你有足够的燃料和火种，请尝试搭建 3 个三角形篝火。请勿在树下点火，否则可能会引起火灾。如果空地上只有一棵树，你可以用它来点火。也可以在单棵树上堆放火种，这样的话在点燃时就变成了火炬。

在点燃信号火时，要加以覆盖，以便在点火时，火种保持干燥。准备绿色的木头和树叶，以产生浓浓的白色烟雾，使其在深色的森林树冠中脱颖而出。如果在沙漠中或在大雪地区，深色烟雾将与背景形成更好的反差。燃烧橡胶或油也能产生这种效果。

如果你确定了飞机可能会着陆的区域，请确保篝火是在着陆区域的下风处。

以三角形排列的三堆篝火是国际公认的求救信号。

个人定位信标

配备有全球导航卫星系统（GNSS）接收器的个人定位信标（PLB）有助于向救援人员发送信号。个人定位信标应仅在紧急情况下使用，它可以通过卫星向相关救援组织发送求救信号。

身体信号

你可以用身体信号与飞机上的救援人员进行交流，从而提供有关你的状态、需求以及该区域是否可以安全着陆的信息。如果你在森林中，请将色彩鲜艳的物品放在树上，以便使经过的飞机上的人可以看到它们。你也可以尝试在丛林中找到一片空地，展开一块色彩鲜艳的物品来求救。

接收器正在工作

肯定的（是）

可以很快进行，如有可能请等待

需要机械师的帮助或零件，长时间延迟

不要试图降落在这儿

接我们，飞机被遗弃

用飞机散发信息

一切正常，不要等

否定的（不）

降落在这里（指向降落方向）

需要紧急医疗救助

直升机救援

最好在水平地面上找一个或清理出一个空白区域，该区域至少长和宽为 50 米，确保空中没有电线等障碍物。直升机通常会以大约 10° 角下降，而不是垂直降落，飞行员需要空间以便在大风中调整方向。

清除大的障碍物。保持该区域没有可能被螺旋桨吹散的松散材料。如果在大雪区域，请尝试把雪踩平，以最大限度地减小积雪在上升气流中翻卷的危险，因为这可能会模糊飞行员的视线。请用诸如彩色石头之类的物体摆成"H"形状来指示着陆区域。如果使用石头，请确保将其嵌入地表，以便它们与地面齐平。

等直升机降落之后，再靠近。请勿从后方接近直升机。当心主螺旋桨，特别是当附近的地面不平时请勿靠近后方，否则你有可能会被旋转叶片扫到。

英格兰北部，对一群滞留的登山者展开营救后，山区救援人员在使用信号弹向正在靠近的直升机发出信号。

绞盘救援

在绞盘救援中，机组人员可能会从飞机上下来，也可能会放下救生索。如果使用了救生索，请将其从头部套入，然后放在手臂下方并在背部交叉。尽可能将其拧紧，以确保安全。交叉双臂以使皮带固定到位。准备好后，请竖起大拇指给绞车操作员，以便他可以转动曲柄来使你上升。

直升机降落区域

直升机降落区的预留机体宽度至少应为 35 米，主螺旋桨的旋转区域至少应为 50 米。还要留出几百米的起降跑道。

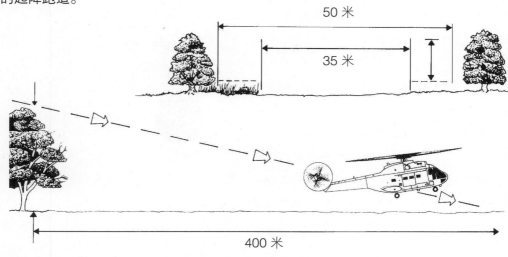

导航

在发生危机或事故时，你手边可能没有地图可用，此时你就需要一个可靠的指南针来导航。将指南针与其他随身设备放在一起，或者用挂绳将其挂在脖子上。

由于磁场不同，你可以根据所在的地区来设置指南针，因此请确保你有所访问区域的正确代码：MN，NME，ME，SME 或 MS。

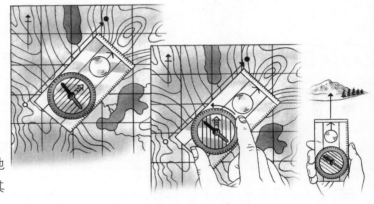

寻找方位

如果使用席尔瓦塑料指南针和地图，请将指南针放在地图上，并使其底板边缘与你要去旅行的地方相连。然后转动指南针的方向，直到北点"N"标记朝向磁北（MN）。

为了用指南针来指引所需的方向，请将指南针从地图上移开。用箭头表示前进的方向，将指南针与箭头平行。转动身体，直到该箭头位于表盘上指向"N"的箭头上方。此时指南针指向所需的方向。

要保持没有偏离方向，请集中注意于一个与指南针方向一致的地标。

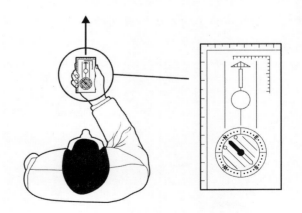

到达地标后，将注意力集中在第二个地标上。继续这样直至到达目的地要考虑到下坡或进入树林时可能看不见地标的可能性。

奈史密斯法则

　　该规则由一位苏格兰航海家于 19 世纪初设计，它是一种估算普通步行者在丘陵地带上行走所需时间的方法。具体数据为：在平地每行进 5 千米，需要 1 小时；如果需要爬坡，则每爬升 300 米，增加 30 分钟；如果要下坡，由每 300 米减去 10 分钟，但如果坡很陡峭的话，则每 300 米需要加 10 分钟。与一群人一起旅行时，计算该团体中行走最慢的那个人的速度。

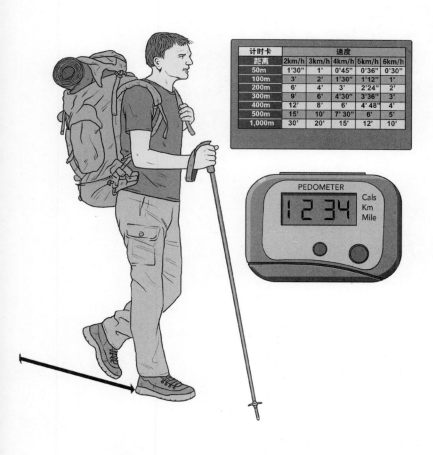

计时卡	速度				
距离	2km/h	3km/h	4km/h	5km/h	6km/h
50m	1'30"	1'	0'45"	0'36"	0'30"
100m	3'	2'	1'30"	1'12"	1'
200m	6'	4'	3'	2'24"	2'
300m	9'	6'	4'30"	3'36"	3'
400m	12'	8'	6'	4'48"	4'
500m	15'	10'	7'30"	6'	5'
1,000m	30'	20'	15'	12'	10'

PEDOMETER

1234

Cals
Km
Mile

计步

　　计步最好的方法是出发之前先测得行程距离。以每次右脚后跟着地算作完整的一步。记录在测量距离内走了多少步，包括在平路上、背着重物或在丘陵地面上行走的步数。

　　如果你有计步器，请确保你知道如何使用它，并确保已经根据你的个人步子大小进行了调试。通过计步，你可以在向目的地前进的过程中获得更准确的位置信息。

　　在你的钱包或口袋里装上计步卡和计时卡，卡上写下步数以及在特定条件下完成特定距离所需时间的详细信息。手按式按键计数器可以帮助你进行统计。

有用的户外装备

户外手表可能具备的功能包括全球定位系统（GPS）、高度计、气压计和指南针。这样的手表通常包括适合不同活动的特殊模式。你可以在 GPS 上预先计划路线，并从气压计接收天气预警。

但是，诸如此类的高科技产品可能会非常消耗电池，因此，如果你长时间处于偏远地区，最好带上坚固耐用的传统模拟指针电子手表以备用。你还应该带上常规的指南针和地图，以及防水的笔记本和油性铅笔。另外，倾斜仪或倾斜角度卡将帮助你确定山坡的角度。

使用模拟指针电子表

如果你的手表需要调整，则把手表调整为夏令时。平握手表，将时针对准太阳。想象一条线将时针和 12 点之间的角度平分，这条线就指向北半球的南北方向。在南半球，将 12 点钟对准太阳。画一条假想的线将 12 点钟和时针之间的角度平分，你就找到了南北线。

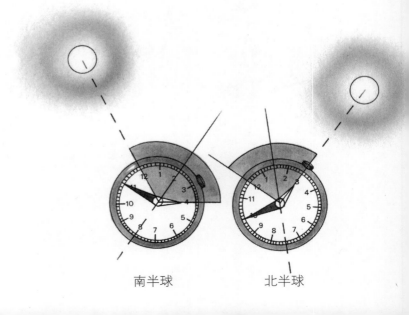

南半球　　　　北半球

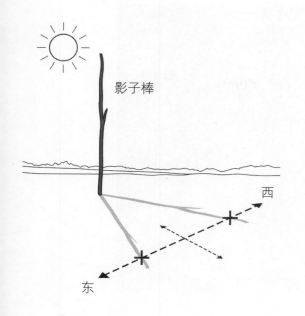

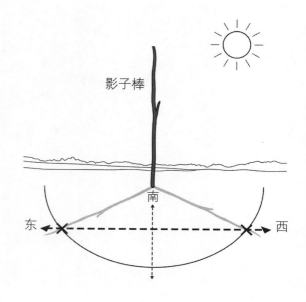

用太阳导航

如果没有地图或指南针，太阳的位置也有助于定向。太阳从东方升起，在西方落下。将直杆放在地面上，并用石头或类似物体标记阴影的顶部。等待约15分钟。理想情况下，在正午前15分钟将木棍放进去。然后在正午后15分钟做第二个标记。背对太阳，双脚分别踩在一个标记上，这时你面朝北。如果在两个标记之间画一条线，则表示东西线。如果你画一条线与第一条线成直角，这就是一条南北线。

恒星的移动

恒星的移动可以指引大体的方向。在北半球，恒星在东方升起，在西方下落。一颗向左移动的恒星位于北方；向右移动的恒星位于南方。

在南半球：恒星在西方升起，在东方坠落。向左移动的恒星位于南方；向右移动的恒星位于北方。

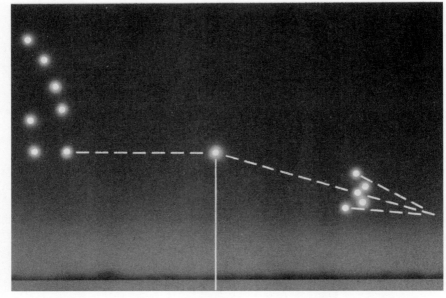

北斗星

北极星
（极星）

观星

　　在北半球，北极星（也称为北星或极星）在小熊星座中，是北极的最佳指示。北极星可以使用大熊座（北斗七星）、猎户座和仙后座星座来找到。通过计算与北极星的垂直角度，可以算出所在地的纬度。当你向南移动时，北极星将在天空中显得较低。

　　由于南天极附近没有特别醒目的亮星，需要通过其他亮星来确定南极点。南十字座是南半球非常显眼的星座，其附近的半人马座还有两颗亮星——南门二与马腹一，先画一条假想的线穿过南十字座长轴上的十字架一与十字架二，并继续向南延长，当长度为这两颗星距离的 4.5 倍时即是南极点。或是想象在南门二和马腹一连线上画一条中垂线，直到这条线与先前来自南十字座的线相交汇，交点也就是南极点。在这里标记一个点，该点即位于地理南部的正上方。

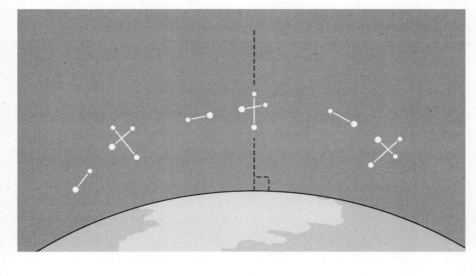

如图所示，当南十字星直立在地平线上方时，其长轴指向地理南部。

用月亮导航

由于月亮公转时被太阳照射到的位置不同，月亮的面会发生变化。如果月亮在日落之后的黄昏升起，那么其明亮的那一面朝西。午夜之后，月亮明亮的那一面朝东方。

在北半球，观察四分之一月，在月球的两个角之间画一条假想的线，将此线延伸至地平线，与地平线相交的点就是南方。同样，在南半球这样做，与地平线相交的点将是北方。

在大自然中导航

了解地标可以帮助你找到前进的道路。例如，如果你知道某些山脊或河流沿特定方向延伸，则可以利用它们进行导航。这同样适用于飞机的飞行路线和电力线。架空的电线通常沿同一方向延伸很长的距离，因此有时可以使用它们进行导航。

观察树，看看哪一侧有更多的叶子，那就是阳面。如果你在北半球，阳面就是南方。在北半球的正午，任何垂直物体的影子都指向北。在南半球则刚好相反。

在北侧，树木上的苔藓通常会更厚，树皮通常会更暗。树木的根通常会在与盛行风相反的一侧长得更长、更粗。如果你知道当地盛行风的方向，这也有助于导航。如果碰到一个树桩，观察它的年轮，阳面的年轮应更稀疏。

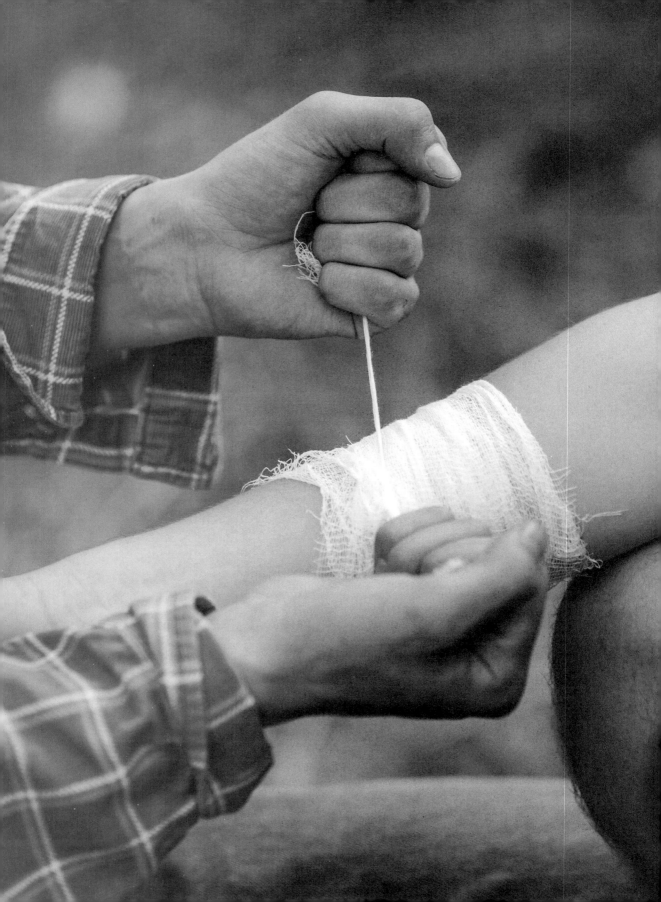

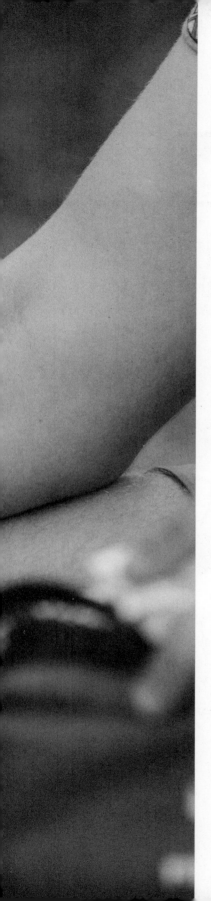

急救

急救培训可以帮助你挽救生命。你可能已经准备好并愿意在紧急情况下为他人提供帮助，但是如果没有经过培训，你可能不知道该怎么办，或者帮了倒忙。紧急救援就是要争分夺秒，在这种事态之下，你不可能再去花时间制订某种救援计划，而应该当机立断，立即施救，任何犹豫和延迟都有可能导致无法挽回的后果。

在危急时刻知道如何在伤口或扭伤处使用绷带至关重要。

第一步

如果你接受过急救培训并操练过一些基本程序，你将能够更好地在紧急情况下自动采取快速行动，并更有可能取得成功。

遇到事故或紧急情况时，有一些基本问题要问。

首先检查该区域是否安全。如果你在道路上或在道路附近，路上有危险吗？是否存在有毒液体，是否有倒下的电线，或者你是否在不稳定的区域（例如落石）附近？

有人受伤了吗？如果是，请拨打所在国家或地区的相关紧急电话，如果在对患者进行急救，则让旁边的人拨打电话。

帮助病人

呼吸道：

使患者的头部后仰，抬起下巴。检查是否有气道阻塞的迹象，并清除口腔中的异物，如血液或呕吐物。检查舌头是否阻塞喉咙。如有必要，请使用"口咽通气管"这种特殊的医疗设备。

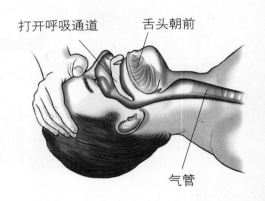

打开呼吸通道　　舌头朝前

气管

呼吸：

将耳朵贴近患者的鼻子和嘴附近以检测呼吸声，或将手靠近患者的鼻子和嘴，以检查是否可以感觉到呼吸。如果没有明显的呼吸迹象，请立即采取行动。

血液循环：

检查颈部或手腕是否有脉搏。如果没有脉搏，请进行心肺复苏术（CPR）。检查患者皮肤的颜色。

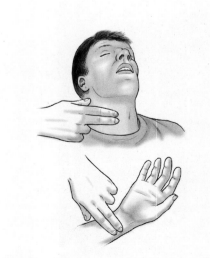

心肺复苏术操作

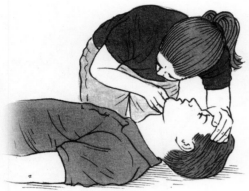

进行人工呼吸。稍微向后倾斜患者的头部，抬起下巴。然后捏紧病人的鼻孔，张口罩紧患者口唇，将呼吸吹入患者口中，直到看到他（她）的胸廓膨起。人工呼吸两次，然后继续按压。

如果患者的胸廓在第一次呼吸时没有膨起，那么请在再次人工呼吸前再次使头部后倾。如果第二次人工呼吸时胸廓仍然没有膨起，那么患者可能出现了窒息。检查口腔和喉咙中是否有异物，如有必要将其清除。

继续进行心肺复苏术的胸部按压和人工呼吸，直到患者显示出生命迹象，或者直到专业医务人员来接手为止。

恢复体位

恢复体位可以帮助失去知觉但仍在呼吸的患者。正确的体位可以防止因呕吐而窒息。但是，要注意患者是否有脊椎损伤，只有在背部得到完全支撑之后才能移动身体。

- 如果患者脊椎没有受伤，请跪在患者旁边。避免对胸部施加压力。移动患者的一只手臂与身体成直角，伸直且手掌向上。
- 将身体向伸开的手臂方向轻轻滚动，使其侧卧。
- 将另一只手臂放在胸部，直到手掌向下放在伸出的手臂上为止。
- 从上方抬起并弯曲膝盖，然后将弯曲的膝盖轻轻放在另一条腿上。小腿的膝盖也应该稍微弯曲。
- 最后，手臂应支撑头部，大腿的膝盖应放在地面上。
- 将患者的头部向后倾斜，使下巴前倾。检查呼吸道中是否有障碍物，呼吸道是否畅通无阻。

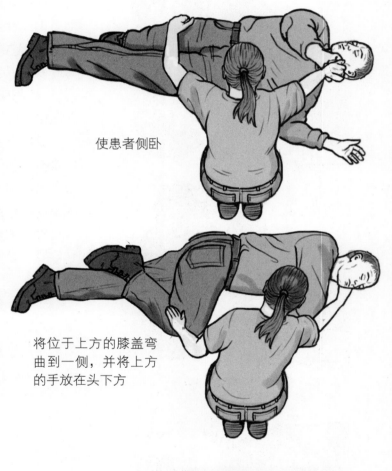

使患者侧卧

将位于上方的膝盖弯曲到一侧，并将上方的手放在头下方

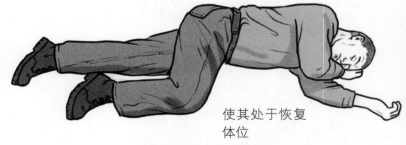

使其处于恢复体位

检查的技巧

　　当你遇到遭遇事故的人时，可能不会立即发现问题所在。要检查呼吸，请遵循"看—感觉—听"的顺序。如果检查肢体，请遵循"看—感觉—移动"的顺序。要检查的区域包括手、脉搏、血压、头部、颈部、胸部、腹部和四肢。

处理休克

　　当由于循环系统无法提供足够的含氧血液而导致重要器官缺氧时，就会发生休克，如严重失血、严重烧伤、心脏病发作、呕吐或过敏反应等，都会引起休克。休克的迹象包括皮肤苍白、发黏，出汗，快而浅的呼吸，头晕，和一种很难受的感觉。

　　发生休克后，拨打紧急电话寻求帮助，要处理任何可见的伤口，并抬高患者的腿。用毯子或大衣盖住患者，并安慰患者，直到救援到达。

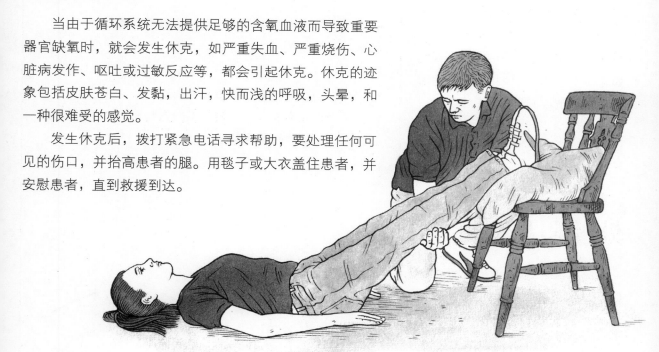

托下颌法

　　如果怀疑患者有脊椎损伤并且你不希望移动患者的身体，则可以使用此方法。它可以确保患者的呼吸道不被堵塞。跪在病人头部后方，将双手放在他（她）的脸的两侧。用指尖轻轻提起下颌，避免移动脖子。留在病人身边，或与他人轮流支撑住他（她）的头部，直到紧急救援服务到达。

窒息

严重的窒息可能会导致神志不清，因为患者无法正常呼吸，也不能说话。

站在病人身后，稍微靠近一侧。用一只手支撑他（她）的胸部，并使患者向前倾斜，以使喉咙中的异物从口腔中脱出。如果异物没有出来，请用手掌根部在患者的肩胛骨之间用力捶打五次。如果异物仍然不出来，则需要进行腹部冲击。

腹部冲击

- 站在病人后面。
- 将手臂环绕他（她）的腰部，使患者身体前倾。
- 将一只拳头放在肚脐上方。
- 将另一只手放在第一只手上，然后将其急剧向上移动。
- 如果异物没有出来，请重复到五次。
- 如果仍然没有变化，请拨打紧急救援电话，并继续尝试以相同方式移除异物。

处理婴儿窒息

将婴儿的脸朝下抱在你的前臂上，婴儿的头部低下，并在两肩之间用力拍打五下。如果异物仍然存在，将婴儿的脸朝上，抱在你的另一只手臂上，将两个手指放在胸骨下部。向下猛推五下。然后检查婴儿的口腔，用一根手指按住舌头。去掉任何可见的异物。按照上述顺序进行操作，直到清除异物为止。

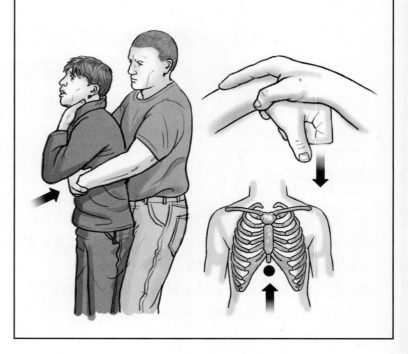

溺水

除非你有把握将溺水者带回安全区，否则请勿跳入水中进行救援。不过，如果手边有救生圈或类似的救援工具，应当立即扔给溺水者，并拨打紧急救援电话。

溺水的人回到岸上后，请检查呼吸。如果没有呼吸迹象，请打通气道，并进行五次初始人工呼吸。在寻求救援之前，请进行至少一分钟的心肺复苏。或者在进行心肺复苏时，请其他人拨打紧急救援电话。

溺水症状包括皮肤苍白、发凉、无呼吸迹象，嘴唇发蓝（紫）、脉搏弱或无脉搏以及失去意识。

保持患者的头部低于身体其他部位，以使水自然地从肺部排出。如果患者咳嗽或水飞溅，请将其侧卧。如果患者失去知觉，请使用恢复体位，并拨打医疗救助电话。如果提供人工呼吸，则可能需要加大呼吸力度，以克服肺部水分的阻力。

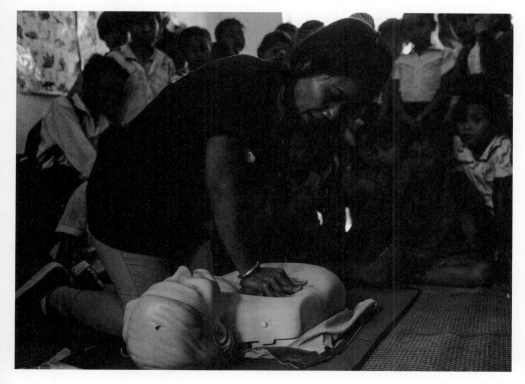

在水安全和预防溺水课程中，一位医学专业人士在用人体模型演示如何进行心肺复苏。

冷和热

　　长时间的冷或热会对人的健康构成严重威胁，需要紧急处理。以下是在医疗帮助到来之前处理热伤害和冷伤害的一些方法。

低温

　　当体温降至 35℃以下时，即可判定为体温过低。这可能是由于长期暴露在寒冷的天气中或浸入冷水中引起的。患者可能会出现困倦或呼吸浅、心律低下等症状，也可能会失去知觉。

　　低温症患者需要紧急升温，但要平缓、逐步进行。脱下湿衣服，然后换上干净、干燥的衣服。将患者放在睡袋中，置于温暖干燥的地方。如有必要，应与他人共享睡袋以增加温度。如果可能的话，泡个热水澡是另一种解决方案。如果呼吸停止，请进行人工呼吸，并寻求医疗帮助。

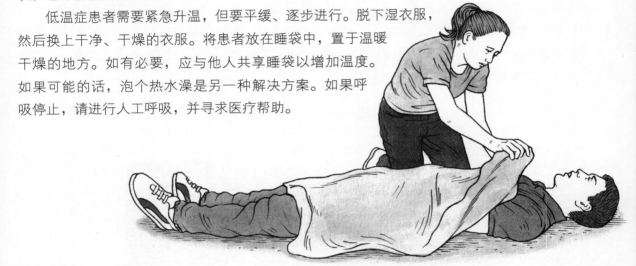

冻疮

　　这是由于皮肤长时间暴露在低温下造成的，低温导致紧贴在皮肤表面下方的小血管收缩，之后如果皮肤暴露在高温下，血管就会变宽变粗，从而在脚趾或手指上引起紫红色肿胀。你应该轻轻地温暖患处，但不要按摩皮肤或直接加热。在寒冷环境中，应给手戴上温暖干燥的手套，给脚穿上温暖干燥的袜子。

战壕脚

　　这是由于脚长时间暴露在潮湿环境中引起的。症状包括脚部苍白之后变红。脚变得肿胀且疼痛。如果脚发苍白，请轻轻地温暖它们。如果它们发红肿胀，请慢慢降温。

　　请勿按摩脚或使其直接受热或受冷。为了减少患战壕脚的风险，请每天更换袜子，并确保袜子清洁干燥。

冻伤

英国皇家海军陆战队在进行热身运动以帮助预防冻伤。

冻伤是长期暴露于低温下导致的皮肤组织损害。症状是皮肤发白、发冷，然后变得红肿。发生冻伤后，应用温暖和干燥的衣服代替湿衣服，并使身体受冻的部分保持温暖和干燥，并立即寻求医疗帮助。

中暑

中暑是由于长时间暴露在炎热和阳光下，身体冷却机制失效所引起的。症状包括皮肤发红和干燥，快速、微弱的脉搏，头痛，头晕，还有恶心。处理办法是将患者移至阴凉处。把腿抬起并给予支撑。如果患者有意识，给他（她）喝水。如果水足够，请用一些水为病人降温。按摩四肢以改善血液循环。密切关注患者，并寻求医疗帮助。

热痉挛

这是由于过多出汗、呕吐或腹泻引起体内盐分流失所导致的。症状包括手臂、腿或腹部的抽筋以及大量出汗和口渴。发生热痉挛时，请将患者转移到阴凉处，提供饮用水并解开衣服。如果没有改善的迹象，请寻求医疗帮助。

烧伤和烫伤

如果有人被烧伤或烫伤，则需要立即将其与热源分开，并应立即用冷水冷却烧伤部位。保持该区域至少冷却 20 分钟。用保鲜膜宽松地覆盖烧伤区域，或使用干净、干燥的敷料。请勿使用药膏和喷雾剂。

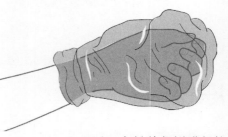

可以用宽松的保鲜膜保护被烧伤的手

一级烧伤累及皮肤的顶层，经常发生在晒伤中。皮肤首先变红，然后脱皮。处理方法包括为皮肤涂抹补水霜，并定时喝凉水。

二级烧伤对皮肤的伤害更深，可能导致皮肤起水泡和休克。这时请用抗菌敷料处理，也可以不使用敷料，但要让伤口保持干净。根据需要处理休克。

三级烧伤会损害所有的皮肤层，患者更有可能休克。这需要专业处理，应寻求紧急医疗援助。

出血

受伤的部位不同、伤口的严重程度不同，出血的形式也会有所差异。动脉出血的特征在于其明亮的红色，血液会随着心脏的跳动而喷出。静脉出血颜色更深更易于控制。毛细血管出血一般是轻微的割伤和擦伤导致的。

用力按在伤口上以止血。如果您有敷料垫，则应将其放在伤口上，并固定或绑在适当的位置。如果没有敷料，请使用另一个干净的垫子或手帕。压住伤口 10 分钟。

用绷带包扎敷料，但不要太紧，以免干扰血液循环。如有必要，在第一个敷料的上方放置另一个敷料，但不要移走第一个敷料。

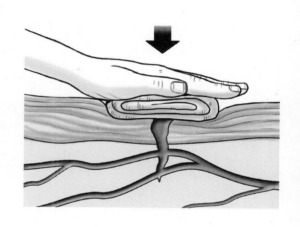

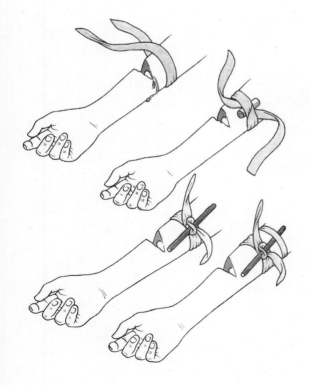

使用止血带

仅在其他防止出血方法失败时使用止血带。

- 将止血带绑在受伤的手臂上或腿上，距离伤口上方 5 厘米左右。
- 在结上放一根小棒，然后将止血带绑在棍子上，再打一个平结。
- 扭转小棒以增加压力，直到止血为止。
- 如果可能，将小棒固定到上臂保持压力。

缝合

　　在紧急情况下，如果你有缝合的经验并有干净的材料，则可以进行缝合深层伤口的操作。

- 消毒材料，并清洁伤口。

- 将针头穿入皮肤的一侧，从另一侧穿出。

- 两侧均取等量的皮肤以对齐伤口边缘。

- 将缝合线打一个平结。

- 圈住持针器，抓住环的一端，然后拉紧。

- 从另一个方向环绕持针器，抓住环的一端，然后再次拉紧。

　　保留缝合线约 10 天。取线时，请用镊子和小夹钳抓住所打的结，然后果断用力地拉出缝合线。

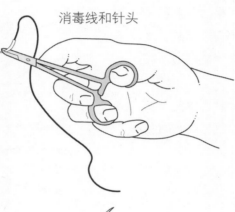

消毒线和针头

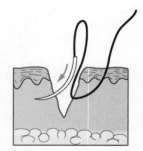

在伤口的中点缝针

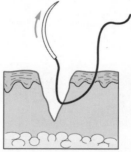

将针头从伤口的一边穿过

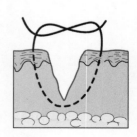

然后从另一边缝合

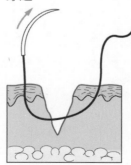

把伤口拉紧

打结

敷料

请遵循以下原则以充分利用敷料：

- 确保敷料垫伸展开超出伤口的边缘。
- 将敷料直接放在伤口上方。请勿滑动。
- 如果血液渗入，请勿更换。在上面放上另一份敷料。
- 如果只有一份无菌敷料，请直接在伤口上使用，把其他敷料作为备用。

固定敷料：

- 用绷带包扎四肢和敷料，使敷料垫固定。
- 为固定绷带，将两端用平结绑在敷料垫上方，以在伤口顶部施加牢固的压力。
- 检查绷带附近的血液循环情况。如有必要可以松开绷带。

如果没有其他可用的东西，并且伤口正在张开，你可以使用胶带将伤口闭合，但是要首先确保它无菌且干净。

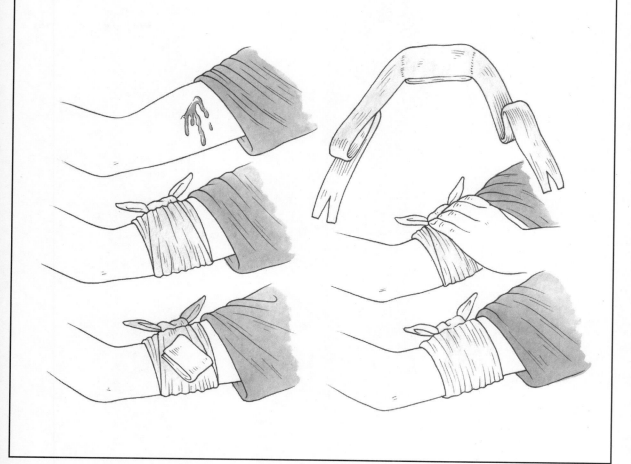

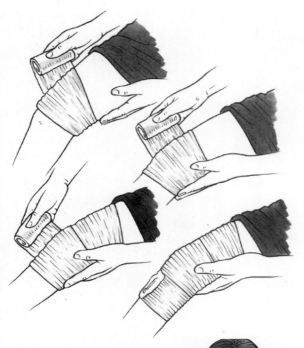

大绷带

腿绷带

- 将三角绷带的中心放在覆盖伤口的敷料上。
- 打结时，请将绷带左端放在腿另一侧的绷带右端的上方和下方。然后将右端放在左端的上方和下方以完成打结。
- 从两端拉出以确保其平放。
- 如果使用绷带卷，请从敷料下面，从对角线的方向向上转，每转一次覆盖绷带的三分之二。以直转结束，可以用胶带或别针固定。

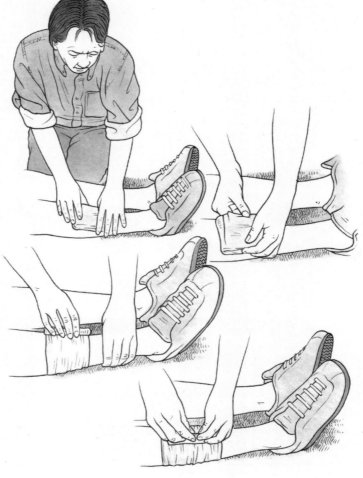

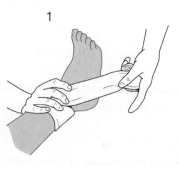

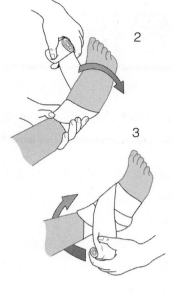

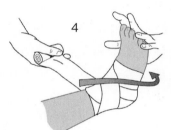

脚绷带

- 将脚放在三角绷带的中间，脚跟朝前。用吸收性材料分开脚趾以防止擦伤和刺激。

- 将绷带的前端放在脚的上方，并将多余的材料塞入脚两侧的褶中。

- 在脚的上方使两端交叉，绕脚踝打圈，并在脚踝的前方打结。

- 如果使用的是绷带卷，请覆盖敷料，然后将绷带绕脚踝打圈，然后将其拉回脚背，直到小脚趾的底部。

- 绕脚趾完整的一圈。往回再绕脚踝和脚趾底部一圈，向上转圈。

- 继续直到敷料被覆盖。最后绕脚踝一圈，并用胶带或别针固定。绷带应从脚踝一直缠绕到脚中部，然后再回到脚踝。

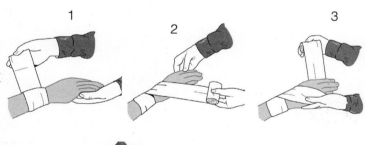

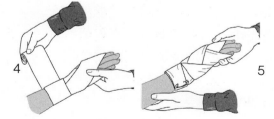

手绷带

- 将手放在三角形绷带上，手腕位于底部。

- 用柔软的材料分开手指以防擦伤。

- 向上拉起绷带的顶端，放在手指上。

- 将两端绕过来在手腕处固定。

- 用绷带包住手腕，然后绕到小指的上方。

- 绕到手下方，然后跨过手背回到手腕。重复并固定。

- 如果是使用绷带卷，请覆盖敷料，然后将绷带沿腕部至手背上方拉至小指的底部。

- 完全绕过手指。再次绕过手腕以及手指的根部。继续直到敷料被覆盖。最后绕手腕转一圈，并用胶带或别针固定。

骨折

骨折不容易识别，患者可能只是受到肌肉或韧带损伤，而不是骨折。如果不确定是否骨折，还是建议先按照骨折来进行处理。

如果患者正在出血或呼吸困难，则需要通过阻止血液流动来解决。

根据伤口情况和救援条件的具体情况，呼叫救护车或尝试开车将患者送往医院。

如果距离医疗援助非常远，请尝试用夹板固定住伤口以将其保持原位。不要尝试把骨头重新接好。

骨折的分类

单纯性骨折

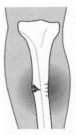
青枝型骨折

粉碎性骨折

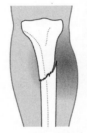
斜形骨折

复合性骨折

夹板

可以使用任何可用的材料制成夹板，包括棍棒、树枝或甚至是卷起的报纸。夹板必须足够长，可以固定伤口上方和下方的肢体。

在夹板和四肢之间放置衬垫。将夹板绑在骨折上方的两个位置和下方的两个位置。腿部骨折时，可以将另一条腿与伤腿绑在一起，将其用作夹板。

大腿骨折

- 将带衬垫的夹板放在大腿内侧。
- 将一个更长的夹板（从脚踝到腋窝）放在腿外侧。
- 如果没有夹板，则将另一条腿用作夹板，中间夹一条毯子。

小腿骨折

- 将夹板放在伤腿的两侧，从脚延伸到膝盖以上。
- 如果没有可用的夹板，则将另一条腿用作夹板，中间放置衬垫。

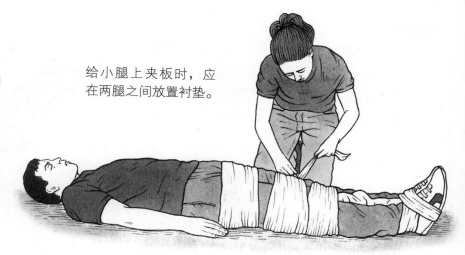

给小腿上夹板时，应在两腿之间放置衬垫。

脚踝或脚部骨折

- 抬高腿，然后给予支撑。
- 靴子可以为脚踝或脚提供一些支撑。
- 不要让患者带伤行走。

膝盖骨折

- 尽量使腿伸直，但不要强迫。
- 将夹板放在腿下方，如果膝盖有些弯曲的话在膝盖下方放支撑垫。
- 如果腿弯曲而且无法使其伸直，请用膝盖下方和上方的衬垫把腿绑在一起。

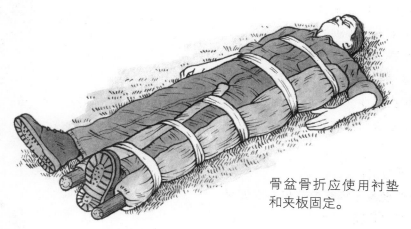

骨盆骨折应使用衬垫和夹板固定。

骨盆骨折

- 在大腿之间放置一块衬垫，并在膝盖和脚踝处系好。如果腿弯曲，则在膝盖下方放置衬垫。
- 如果可能，可以将患者绑在板子或门板上，并在脚踝、腰部，胸部的上方和腋下绑好。
- 如果没有板子，请将两条腿绑在一起，中间放置衬垫，然后在脚、脚踝、膝盖和骨盆上包扎。

颈部骨折

颈部骨折极其危险。仅在没有医护人员的情况下才进行处理。

- 用颈圈固定颈部。如果没有可用的颈圈，请在颈部下方放一块卷起的毛巾来支撑它。
- 在头部两侧放置两个重物来固定头部。例如，可以使用一双靴子

颅骨骨折

颅骨骨折非常严重，需要紧急医疗处理。

症状包括：

- 头部伤口或淤青。
- 头皮出现柔软的区域。
- 半昏迷或反应迟缓。
- 鼻子或耳朵流出清澈的液体。
- 眼白充血。
- 头部或脸部变形。

处理办法：

将患者置于恢复位体位。立即寻求紧急医疗救助。

脑损伤的不同类型

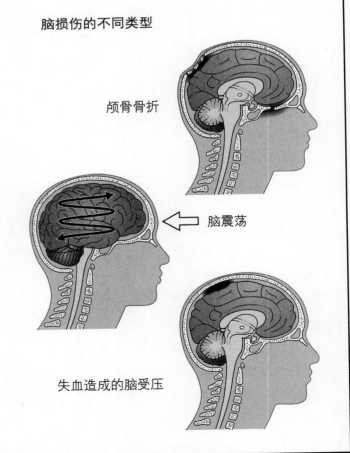

颅骨骨折

脑震荡

失血造成的脑受压

手臂骨折

肩胛骨或锁骨骨折
- 使用手臂骨折吊带来固定手臂。
- 或者，可以把受伤的手臂上的T恤衫袖口卷起，然后剪开T恤衫的背部，系在手臂上以固定手臂。

上臂
- 将衬垫放在腋下。
- 从肩部到肘部放置夹板，放在手臂外侧。
- 在手腕和颈部周围放置夹板来支撑手臂。

肘部骨折
- 如果手臂呈弯曲状态，则用夹板固定肘部。
- 将绷带绕在背部，将手臂绑到身体上。
- 如果手臂未弯曲，请用夹板和衬垫支撑手臂，然后将其绑到身体上。

前臂、手或手指骨折
- 用从肘部到指尖的夹板固定前臂和手。
- 在夹板中使用衬垫。
- 用吊带将手臂抬高以防止肿胀。

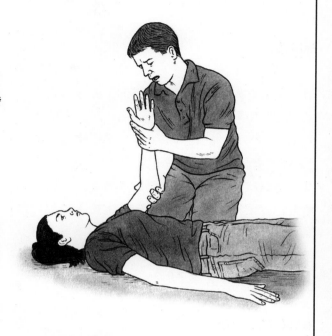

手臂骨折的不同类型

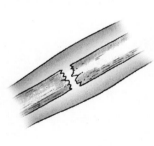

单纯性骨折

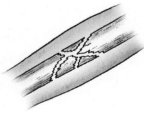

粉碎性骨折

青枝型骨折

骨折吊带

用骨折吊带来支撑受伤的手臂简便易行。

标准吊带

制作吊带的一种方法是折叠正方形材料。对于大多数人来说，一个 1 米的正方形就足够了，但是如果不确定大小，使用一个太大的正方形比一个太小的正方形要好。将手臂与身体呈 90° 角。让患者用另一只手臂支撑受伤手臂。将材料裹在身体和受伤的手臂之间，成三角形，以便将最长的两端轻轻向上拉到颈部后面。在颈部后方将两端用平结系好。然后，将多余的材料轻轻地拧在肘部，并用安全别针将其固定。确保手腕高于肘部。

衣领和袖口吊带

如果没有大的正方形材料，请在腕部周围缠一条材料，例如领带、连裤袜或从床单撕下来的一条布，然后将两端绑在颈后。

三角吊带

有时手需要保持抬高而不是伸直放在腹部前方，以将出血降至最低，可以将肘部垂在一侧，然后将手伸向未受伤侧的肩膀。

- 将三角形放在胸部上，将一个长的一端朝着未受伤的肩膀。
- 将材料塞到手、手臂和肘部下方。
- 将另一个长的一端朝后拉向未受伤的肩膀。
- 将绷带的尾端延伸到锁骨，并打一个牢牢的平结。
- 用肘部轻轻扭转吊带末端，然后用安全别针固定。

标准吊带

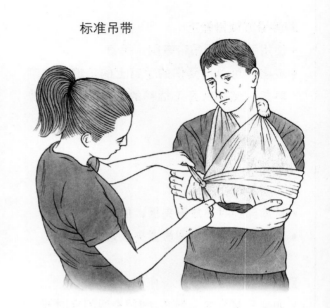

三角吊带

五原则

"PRICE 五原则"表示保护、休息、冰冻、加压和抬高。

保护：

你应该保护患处避免进一步受伤。例如，使用支撑物。

休息：

避免进一步运动，减少任何形式的体育锻炼。如果肩膀受伤，可以使用吊带；如果腿部受伤，必要时可以使用拐杖。

冰冻：

每两到三个小时，将冰袋或一袋冷冻豌豆或类似的袋子置于患处，持续 15 至 20 分钟。为避免冻伤，请用毛巾将冰袋包好，以免冰袋直接接触皮肤。

加压：

为了减少肿胀，请在白天使用弹性压力绷带。

抬高：

理想情况下，应尽可能将受伤区域抬高到心脏位置以上。这也有助于减少肿胀。

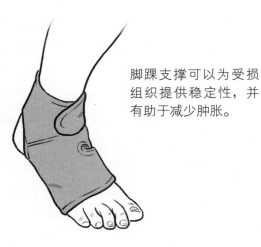

脚踝支撑可以为受损组织提供稳定性，并有助于减少肿胀。

咬伤、蜇伤和中毒

咬伤、蜇伤和中毒造成的伤害有可能相对较轻，也有可能使人衰弱，甚至危及生命。必须迅速采取行动，以阻止中毒或感染的扩散。

动物咬伤

被咬伤后，请立即用清水彻底清洗伤口。然后用无菌敷料覆盖伤口。如果手臂或腿被咬伤，则应将其固定。紧急寻求医疗帮助，并提供叮咬动物的详细信息。

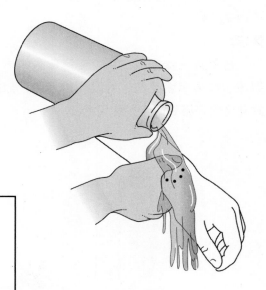

蜱虫病和莱姆病

一些蜱虫可能会把莱姆病传染给你。这可能会引起皮疹和类似流感的症状。请执行以下步骤：

- 在室外行走时，请用驱虫剂擦遍全身。
- 经常检查你的身体和衣服，尤其是在草地或林木区行走时。
- 携带蜱虫清除工具或镊子。
- 如果你的皮肤上有蜱虫，请用工具或镊子抓住靠近你的皮肤的蜱虫口器上部，然后轻轻拉开。不要挤压蜱虫的身体。
- 在蜱虫和伤口上擦异丙醇以方便清除。
- 用消毒剂或肥皂和水清洁皮肤。

蜇伤

如果被昆虫蜇伤并且毒刺仍留在肉中，不要试图用手指将其拔出，而是使用诸如信用卡之类的边缘较锋利的物品沿皮肤刮擦。然后用肥皂和水清洗该区域。敷冰袋将有助于减少毒素的扩散。

当受到刺鱼、海胆等的袭击时，应尽量使毒素失活。将伤口在热水中浸没30至60分钟，并尽快就医。

眼中有异物

　　眼睛中的任何异物都会令人非常难受甚至让人迷失方向。如果你处于灾难生存环境中，要是有人暂时失明，则必须立即采取行动。

- 如果有异物进入眼睛，请立即阻止他（她）揉眼睛。
- 用手指和拇指拉开患者的眼睑，仔细检查眼睛。如果可以，请让患者朝各个方向看。这样，眼睛的所有部分都可以被你检查到。
- 一旦你看到了异物，并且它没有被嵌入眼睛中，则只需将其冲洗掉即可，然后用大量的水反复冲洗眼睛。

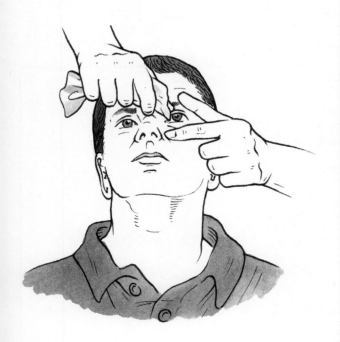

检查、打电话、护理

　　在远程紧急情况下，请检查现场可用的资源和患者状况。然后打电话寻求帮助，并护理患者。

1. 检查

　　检查现场、可用资源和患者状况。确保该区域是安全的。检查可用资源以及可以帮助你的人。检查是否有人受伤，找出造成伤害的原因。仅在需要时才移动患者，例如在他（她）接近危险时。评估是否存在威胁生命的状况。

2. 打电话：

　　如果你在偏远地区，或者因为发生了灾难而使救援无法快速到达，则应首先通过手机或收音机寻求帮助，然后再决定是否带患者撤离。该决定应基于伤害或疾病的严重程度。如果受伤或疾病不会危及生命，你可以选择缓慢撤离，如果患者需要立刻得到帮助，则必须快速撤离。

3. 护理：

　　确定状况之后尽你所能提供护理，优先考虑最威胁生命的严重伤害或疾病。

大流行病

大流行病是指危险病毒的传播已突破一国范围，需要全世界共同应对的流行性疾病。2020 年爆发的新冠肺炎就是典型的大流行病。由于现代交通便利，特别是飞机的大规模运用，使疾病和病毒可以很轻易地在数小时内从传播发生地到达地球的另一端。同时，环境与受体的变化也使得病毒的变异变得难以预测。

新冠肺炎

全球最新的大流行病就是新冠肺炎。该病于 2019 年末由中国首先向世卫组织报告，其后在全球多国陆续发现并大规扩散。世界卫生组织于 2020 年 3 月 11 日评估认为新冠肺炎已具有大流行特征，联合国秘书长古特雷斯认为，新冠肺炎疫情是人类自"二战"以来面临的最严峻危机。截至 2021 年 2 月底，全球累计报告确诊病例已超过 1.1 亿人，超过 250 万名患者死亡。

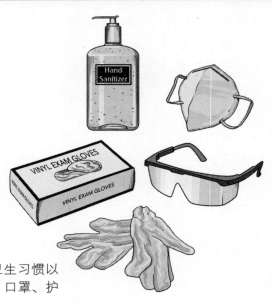

在大流行病期间，建议严格遵守卫生习惯以保护自己。建议随身携带洗手液、口罩、护目镜和一次性塑胶手套

美国联邦应急管理署对大流行病的行动建议

在大流行病期间，限制细菌传播并防止感染。

- 避免与生病的人密切接触。
- 当你患病时，与他人保持距离以保护他们不被传染。
- 戴口罩，咳嗽或打喷嚏时用纸巾或袖子遮住口鼻。这样可有效防止你周围的人被传染。
- 经常洗手有助于不被细菌感染。
- 避免触摸你的眼睛、鼻子或嘴巴。
- 练习其他良好的健康习惯。获得充足的睡眠、进行体育锻炼、缓解压力、多喝水和吃有营养的食物。

流行病的不同阶段

此前，世卫组织将传染病分为6级，其中最高等级就是"大流行"。目前，世卫组织已不再使用6级分类评估传染病，而是改为4大阶段，分别是散发（Endemic）、暴发（Outbreak）、流行（Epidemic）、大流行（Pandemic）。

散发

散发是指某病的发病率呈历年的一般水平，各病例间在发病时间和地点上无明显联系，表现为散在发生的状态。散发一般是相对于范围较大的地区而言，确定是否为散发时多与当地近3年该病的发病率进行比较，如果当年发病率未明显超过既往水平则称为散发。

比如非洲的疟疾、美国西南部和墨西哥北部的球虫病、热带和亚热带地区的登革热，以及分布全世界的乙肝、水痘等。

暴发

暴发是指局部地区或集体单位内，短时间突然出现很多症状相同的患者，大多数患者常同时在该病的最短和最长潜伏期之间发病，疾病依然局限于某一个地区，没有造成全球性的传播。

例如2010年海地地震后的霍乱、1976年以来在不同非洲国家的多次暴发的埃博拉病毒等。

流行

疾病暴发的范围超过了地理限制，在特定地区的大量人群中快速传播，达到了流行的程度。相对于散发，流行出现时各病例间呈现明显的时间和空间联系。

例如2014年以来在拉丁美洲传播的寨卡病毒，2014—2016年西非的埃博拉疫情等，都可以视为流行病。

大流行

大流行是指流行病的发病率显著超出了历年平均水平，且迅速蔓延，涉及的地区广、人口比例大，短时间内跨越省界、国界，甚至洲界，形成世界性的大流行。

艾滋病、1918年以来多次爆发的H1N1流感、2003年的非典型肺炎、2020年的新冠肺炎等，都属于全球性大流行病。

高原反应

长期生活在平原地区的人，在急速进入海拔 3000 米以上的低压低氧地区后，往往会产生头痛、困倦、呼吸困难等种种不适，这就是高原反应。不同的人高原反应的症状会有所差异，一般症状在下降到较低海拔后会逐渐消失。

急性高原病（AMS）

通常仅在海拔高于 2500 米的情况下才会遇到这种情况。其症状包括头痛、恶心、疲倦、失眠和食欲不振。

首先应确保患者不再继续升高。如有必要，患者应到海拔较低地区。如果你有能力并接受过培训，则可以为患者提供氧气。如果患者可以吞咽，则应服用例如阿司匹林等止疼药以缓解头痛。

急性高山病的特殊药物包括乙酰唑胺和地塞米松。但是，任何药物的给药都取决于专业处方和患者的个人情况、禁忌证和需求。计划上升到高海拔的人都应该事先准备好必要的处方药。

越野滑雪者在阿尔卑斯山上长途跋涉。

高原脑水肿（HACE）

这是在高海拔地区发生脑组织肿胀导致的严重疾病。肿胀可导致脑损伤甚至死亡。高海拔脑水肿的症状可能包括嗜睡或烦躁、呕吐、对常规药物无反应的严重头痛、共济失调、癫痫发作和昏迷。

处理高海拔脑水肿的患者必须从下降到患者更容易接受的海拔开始。如果你有这方面的能力和受过培训，请提供氧气。根据患者的具体状况，给患者服用高原反应药物，按照药物的处方和说明服用。

高原肺水肿（HAPE）

这种情况是由于肺气腔内积聚了液体引起的。这会限制呼吸，并可能最终导致死亡。其症状包括干咳、呼吸困难、胸痛以及咳嗽时产生泡沫状或微红色的痰。

患者的护理应该从立即下降到较低海拔开始。保持平衡的体温，如果有能力的话，请提供氧气。

网络攻击

网络攻击是指针对计算机信息系统、基础设施、计算机网络或个人计算机设备的，任何类型的攻击。网络攻击可能发生在国与国之间，例如某个怀有敌意的国家试图降低另一个国家的网络安全，扰乱其网络科技活动，也可能是针对组织、基础设施和个人的网络攻击活动。进入互联网时代，网络攻击事件频发，互联网上的木马、蠕虫、勒索软件层出不穷，这对网络安全乃至国家安全形成了严重的威胁。

- 在个人层面，网络攻击可能包括身份信息窃取或阻止访问个人信息。如果广泛传播，网络攻击可能会导致大范围破坏和混乱。黑客攻击和恶意软件入侵仅仅只是其中的两个例子，个人也需要不断警惕网络攻击以及恶意软件和病毒的威胁。

- 有些人喜欢使用特定的计算机操作系统。无论使用哪种系统，重要的是要检查系统供应商是否完全支持你使用的操作系统。请检查供应商提供系统支持的终止日期。检查你是否正在运行最新的软件包和操作系统。

- 请确保你的杀毒软件自动更新，并执行定期扫描，包括定期深度扫描。使用安全的密码（包括字母、数字和特殊字符），并定期进行更改。

- 请勿回复垃圾邮件或你不认识的人或组织发来的邮件。不要打开未知链接。当心浏览器网站弹出窗口要求你进行某种的更新。经常保留备份文件，这样即使计算机关闭，你也可以访问文件。

美国联邦应急管理署关于网络攻击的建议

你可以通过设置适当的控件来提高网络安全性。以下是可以保护个人、团体和财产免受网络攻击的方法：

- 请使用 12 个字符或更长的强密码。使用大写和小写字母、数字和特殊字符。每月更改密码。使用密码管理器。

- 使用强身份验证，例如使用只有你自己知道的密码。考虑使用单独的可以接收验证码的设备（例如手机），或使用生物特征识别扫描（例如指纹扫描仪）。

- 注意可疑的在线活动。如果被要求立即采取某种行动，或让你接受听起来好得令人难以置信的条件，或者被要求提供个人信息，请停止。点击之前请深思。

- 经常检查你的账户对账单和信用报告。

- 使用安全的互联网通信。

- 使用 HTTPS 通道访问或提供任何个人信息。不使用证书无效的网站。

- 使用虚拟个人网络（VPN）创建安全的连接。

- 使用防病毒和恶意软件的解决方案，还有防火墙来阻止威胁。定期备份加密文件中的文件或加密的存储设备。

- 限制在线共享你的个人信息。经常更改隐私设置，并且不使用位置功能。

- 通过定期更改管理者密码和无线网络密码来保护你的家庭网络。配置路由器时，选择有保护的无线网络 2 入口（WPA2）高级加密标准（AES）设置，这是最强的加密选项。

鸣谢

图片来源：

Alamy 图片网：59（罗伯特·吉尔霍利），63（《恐龙》照片），70（斯图尔特·亨特），72（新华社），73（Tra velpix），78（美国国家航空航天局档案馆），108（罗恩·尼 布鲁日），156（Newscom/B·J·沃尼克），165（安妮特·塞尔默-安德森），204（新华社），210（阿什利·库珀）

Dreamstime 图片网：103（谢尔盖·奇金），132（罗曼·索戈），136（加斯佩特），143（克劳迪亚·蒂尔曼），186（史蒂夫·艾伦），188（安蒂卡宁），189（乔·索恩），217 上方图片（弗兰克·路易维格），244（米开朗基罗·奥普兰迪）

美国联邦应急管理署（FEMA）：90

盖蒂图片社：52（法新社/吉吉出版社），69（约翰·T·巴尔），87（彭博社），140（奥罗拉/科里·亨德里克森），158（光子世界/弗兰克·史威瑞），170（科学派/美国海军），171（马克·皮亚塞茨基），172（法新社/杰克·古兹），181（法新社/斯坦·本田），183（共同社新闻），184（法新社/科尔·伯斯顿），191（NurPhoto），202（克里斯·麦格拉思），217 下方图片（彭博社），225（阿纳多卢通讯社），227（罗伯特·尼克尔斯伯格）

Istock：198（Skrum）

美国国家航空航天局：109

Shutterstock 图片网：32（Gorodenkoff），37（保罗·艾肯），42（糖果盒图像），61（AJE44），64（萨拉·埃斯科巴），75（弗朗斯·迪连），84（萨什科），96（本杰明·托德·舒梅克），112（Idiz），152（佩德科·安东），160（TonyV3112），193（S_E），194（尼克啤酒），206（Photka），218（Presslab）

美国国防部：4、13、14、35、36、39、40、54、76、89、100、118

文字来源：

本书作者和出版商感谢美国联邦应急管理署（FEMA）允许在本书中复制其官方建议，包括第 81、98、101、105、117、122、134、136、139、162、168-169、179、182、242 页上的美国联邦应急管理署（FEMA）为"灾难"做准备方面的官方建议。

第 51 页的文字框由 https://www.ready.gov/build-a-kit 提供。